高职高专"十二五"规划教材

有机化学实验

胡彩玲　刘小忠　主编

陈东旭　主审

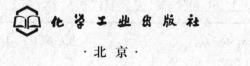

·北京·

本书为高等职业院校有机化学实验教材。全书由基本知识、基础实验、综合实训、拓展实验四个模块组成。教材按模块—任务式展开，将基础实验、综合实训与拓展实验以任务的形式呈现给学生，简洁的同时更便于教学的开展；任务式的体验也让学生如同置身企业职场环境，有利于培养学生责任意识。本教材内容选取兼顾绿色环保理念与学生需求；图片多源于实验室实景拍摄图片，使其更具直观性；其中趣味小品文，紧密联系生活，有利于提高学生兴趣；本教材还配有同步的数字化教学资源，方便学生学习及教师教学。

本书可作为高职高专化学、化工、制药及分析检验等专业的教学用书，也可供相关专业技术人员参考。

图书在版编目（CIP）数据

有机化学实验 / 胡彩玲，刘小忠主编. —北京：化学工业出版社，2015.2（2024.2 重印）
高职高专"十二五"规划教材
ISBN 978-7-122-22746-1

Ⅰ.①有… Ⅱ.①胡…②刘… Ⅲ.①有机化学-化学实验-高等职业教育-教材 Ⅳ.①O62-33

中国版本图书馆 CIP 数据核字（2014）第 007135 号

责任编辑：旷英姿　　　　　　　　　装帧设计：王晓宇
责任校对：王素芹

出版发行：化学工业出版社（北京市东城区青年湖南街 13 号　邮政编码 100011）
印　　装：大厂聚鑫印刷有限责任公司
710mm×1000mm　1/16　印张 8½　字数 142 千字　2024 年 2 月北京第 1 版第 8 次印刷

购书咨询：010-64518888　　　　　　　售后服务：010-64518899
网　　址：http://www.cip.com.cn
凡购买本书，如有缺损质量问题，本社销售中心负责调换。

定　价：20.00 元　　　　　　　　　　　　　　　版权所有　违者必究

前言 FOREWORD

随着高等职业技术教育改革不断深入，高职教育已从"规模扩张型"向"内涵提升型"转变，为适应高职教育人才培养目标培养技术技能型专门人才的需求，加强实验教学环节、提高学生动手能力、综合分析能力及一定的创新能力是有机化学实验教学改革的重要任务。

本教材以加强基础与培养能力为主线，按照由浅到深、循序渐进的认知规律组织内容。全书包括基本知识、基础实验、综合实训、拓展实验四个模块。实验内容的选取兼顾绿色环保理念与学生学习需求，紧密结合化工类专业，将实验基本知识、基本技能、基础实验及有机物性质检验等内容进行优化整合，结合国内外新技术的发展，增设拓展实验，培养学生创新意识和方案、技术改进能力。

基本知识模块介绍有机化学实验必须具备的一些基本知识和基本设备。基础实验模块介绍了有机化学实验的基本技能和官能团的鉴别实验。将传统基本技能和验证实验以任务的方式呈现给学生，简洁的同时更便于教学的开展。综合实训模块是训练学生对所学基本知识及基本技能综合运用的过程，为拓展模块的顺利开展做好准备。拓展模块是结合不同专业及教师科研和新型的有机合成方法，在学生完成基础实验和综合实训的基础上，通过教师指导，进行设计和实施的过程。其目的是开拓学生视野，激发学生学习的主动性和积极性。培养一定的创新精神。

本教材还具有以下特点：

（1）教材按模块—任务式编写，任务式的体验让学生如同置身企业职场环境，有利于学生责任意识的培养；

（2）教材配有同步的数字化教学资源，方便学生学习及教师教学；

（3）教材图片多源于实验室实景图片，增强学生直观感受；

（4）增加部分趣味"小品文"，加强实验与生活的密切关系，提高学生学习兴趣。

本书由湖南化工职业技术学院胡彩玲、刘小忠担任主编。胡彩玲负责大纲的编写和全书的统稿工作，刘小忠负责全书图片的拍摄和处理工作。参加编写工作的还有湖南化工职业技术学院唐新军和谭美蓉。本书由湖南化工职业技术学院陈东旭担任主审。本书在编写过程中还得到了湖南化工职业技术学院童孟良教授及化学教研室各位老师的帮助和支持，在此一并致谢！本书编写时参考了相关专著和资料，在此向其作者也表示深深的谢意。

由于编者水平有限，书中难免有不妥之处，在使用过程中恳请广大师生予以批评指正。

编者
2014 年 12 月

模块一 基本知识　Page 1

知识一	有机化学实验的目的和任务	1
知识二	有机化学实验的学习方法	2
知识三	有机化学实验安全须知	4
知识四	常见故障的处理	9
知识五	常用仪器及反应装置	12
知识六	产品产率的计算	18
知识七	加热与冷却方法	19
知识八	干燥方法	21
知识九	萃取方法	24
知识十	未知物的鉴定方法	26

模块二 基础实验　Page 30

任务一	重结晶提纯乙酰苯胺	30
任务二	测定乙酰苯胺的熔点	34
任务三	测定无水乙醇的沸点	37
任务四	分馏乙醇-水混合物	40
任务五	水蒸气蒸馏八角茴香	42
任务六	减压蒸馏乙二醇	45
任务七	甲烷的制备及烷烃的鉴定	47
任务八	乙烯、乙炔的制备及不饱和烃的鉴定	50
任务九	醇、酚、醚的鉴定	55
小品文	酚类的杀菌作用和各种药皂	60
任务十	醛、酮的鉴定	60
任务十一	羧酸及其衍生物的鉴定	64
任务十二	含氮有机物的鉴定	67

3 模块三 综合实训 —— Page 73

任务一	乙酸正丁酯的制备	73
任务二	1-溴丁烷的制备	77
任务三	阿司匹林的制备	81
小品文	阿司匹林的妙用	85
任务四	正丁醚的制备	86
任务五	环己酮的制备	89
任务六	苯甲酸的制备	91
任务七	乙酰苯胺的制备	93
任务八	肥皂的制备	96
任务九	甲基橙的制备	98

4 模块四 拓展实验 —— Page 102

任务一	乙酸异戊酯的制备（催化剂的应用）	102
任务二	有机玻璃（PMMA）的制备	105
任务三	洗涤剂月桂醇硫酸酯钠的制备（精细化学品合成）	107
小品文	化学洗涤剂与人类健康	109
任务四	茶叶中咖啡因的提取（天然产物提取）	110
任务五	对硝基苯甲酸的制备（设计性实验）	114
任务六	微波辐射及相转移催化下对甲苯基苄基醚的制备（绿色合成设计）	115

附录 —— Page 116

附录一	常用试剂的配制	116
附录二	常用有机溶剂的纯化	119
附录三	常见酸碱溶液的相对密度和质量分数	122
附录四	常用有机溶剂的沸点和相对密度	125
附录五	常见共沸混合物	125

参考文献　　　　　　　　　　　　　　Page 127

模块一
基本知识

化学是一门以实验为基础的学科,有机化学属于化学的一个分支。学习有机化学必须做好有机化学实验。有机化学实验是有机化学教学的重要组成部分,是在特定的环境下进行的化学实验操作训练,实验者必须首先了解与有机化学实验相关的一些基本知识和规则,才能保证实验的顺利进行并取得预想的结果。

有机化学实验的基本知识包括有机化学实验的意义和目的、学习方法、安全事项、常见故障的处理、常用仪器及反应装置、产品产率的计算、加热与冷却方法、干燥方法、萃取方法和未知物的鉴定方法。

知识一　有机化学实验的目的和任务

有机化学实验是以实验为基础的学科,化工新产品的开发与应用、工业"三废"的处理、生产技术攻关、环境保护、生命与健康领域的科学研究等都依赖于有机化学实验知识的应用。同时,随着有机化学与其他学科的相互交叉渗透,很多新型专业人才的培养也需要具有扎实的有机化学实验基础知识和技能。因此,掌握有机化学实验知识和技能是高等职业技术学院化学化工类及相关专业学生必备的知识素质之一,也是提高学生职业岗位技能的重要组成部分。

有机化学实验的主要目的和任务如下。

(1) 通过有机化学实验的基础知识的学习,使学生掌握有机化学实验室的安全知识,熟悉有机化学实验常用的仪器和装置。

(2) 通过有机化学基础实验的学习,再配合理论课堂教学,使学生深化对常见有机化合物的性质的认识,提高感性认识,并掌握重要有机化合物的鉴定方法和有机化学实验的基本操作技能,提高动手能力。

(3)通过有机化学实验综合实训,使学生熟练掌握常用的有机化学实验装置的安装与操作;掌握最基本的有机化合物的制备、分离与提纯方法。养成观察实验现象,准确测量、记录及处理实验数据的习惯,具有科学地表达实验实训结论,规范地完成实验实训报告的能力。

(4)通过拓展实训,使学生了解新技术、新方法在有机化学实验中的应用情况,并能够自主地查阅文献、设计方案及实施实验。具有学习的积极性和能动性,提高一定的创新意识和技术、方法改造能力。

(5)通过有机化学实验的学习,使学生掌握实验室常见问题的处理方法,养成良好的实验习惯和职业素养。养成认真观察、独立分析问题、解决问题的能力和理论联系实践的工作作风及实事求是的科学态度。

知识二　有机化学实验的学习方法

我国著名化学家、中国科学院前任院长卢嘉锡教授说过:科学工作者应具备"C3H3",即 Clear head(清醒的头脑)、Clever hand(灵巧的双手)和 Clean habit(整洁的习惯)。这对于我们学好有机化学实验有重要的指导意义。因为实验课就是要手脑并用、认真思考、认真操作、认真整理。具体有以下步骤。

一、实验预习

有机化学实验过程中,常会使用一些易燃、易爆、有毒的药品和试剂。因此,实验前必须对实验内容、操作过程、安全注意事项等基本内容有所了解。是否充分预习实验是实验成败的关键之一,预习实验的方法主要是读、查、写。

读,是指仔细阅读教材中与本实验相关的内容,明确目的要求、实验原理,清楚操作步骤及所需仪器、药品,了解实验的操作注意事项,做到实验前心中有数,而不是照方抓药。

查,是指根据实验需要,查阅有关手册和资料,了解与本实验相关的化合物性能和物理参数。

写,是指写好预习笔记。每个学生都应准备专用的实验预习和记录本。在认真阅读教材和查阅资料的基础上，将实验或实训的题目、目的、原理、反应式（正反应及主要副反应）、主要试剂和产物的物理参数及规格、用量等写在预习笔记本上；将实验或实训的操作步骤用简单明了的文字及符号写出来（如试剂写分子式，克写"g"，毫升写"mL"，加热写"△"，加入写"＋"，沉淀写"↓"，气体逸出写"↑"等）。对于做好实验的关键所在和可能出现的问题，要特别予以标明，以提示自己操作时加以注意。

二、实验实施

实施实验时，应严格按操作规程和预习步骤进行。不得随意更改试剂用量、加料顺序、反应时间及操作程序。实验中应认真操作，仔细观察，积极思考，并将观察到的实验现象如实地记录下来。对于实验中出现的异常现象特别要详细、及时地记录，以便分析原因、总结讨论。

实验记录是原始资料，不能随便涂改，更不能事后凭记忆补写。实验记录书写字迹要工整，内容要简明扼要。

三、实验报告及总结

实验结束后要认真总结，分析实验现象，整理有关数据和资料，作出结论。制备实验要计算产率并描述产品表观特征。对于实验中出现的问题要加以讨论并提出对实验的改进意见或建议。在总结整理的基础上，撰写出规范、准确与完整的实验报告。实验报告的格式如下所示（供参考）。

基础实验报告

实验名称：

实验日期：_____ 室温：_____ 姓名：_____

实验成绩：_____ 指导教师：_____

一、实验目标

二、实验步骤

三、实验内容和记录

四、注意事项

五、问题讨论

综合实训（拓展实验）报告

实训名称：

实训日期：_____ 室温：_____ 姓名：_____

实训成绩：_____ 指导教师：_____

一、目的要求

二、制备原理

三、主要试剂规格及用量

四、实训装置图

五、制备过程方块流程图

六、实训结果

产品外观：_____ 产量：_____ 熔（沸）点：_____

产率计算：_____

七、问题讨论

知识三 有机化学实验安全须知

一、有机化学实验室特点

（1）有机化学实验经常要使用易燃、易爆、有毒及有腐蚀性的化学试剂。这些试剂如果使用不当，就有可能发生着火、爆炸、中毒和灼伤等事故。

（2）有机化学实验常用仪器为玻璃器皿、电器设备等。如使用或处理不当也会发生割伤或触电事故。

为有效维护人身安全、确保实验顺利进行，实验者除了严格按规程操作外，还必须对仪器的性能、药品的危害及一般事故的预防与处理等安全知识有所了解。

二、实验室安全守则

（1）必须认真做好预习工作，书写预习报告，了解实验中所用危害性药品的安全操作方法及一旦发生危险时的处理措施。

（2）实验前，应认真检查所有仪器是否完整无损，装置是否严格按操作规程安装。经老师检查合格后方可进行实验。熟悉实验室内水、电、煤气开关及安全用具的放置地点和使用方法。

（3）实验时，所用的任何化学药品都不得随意散失，使用后必须放回原处；不得随意离开实验台，要时刻注意反应进行的情况，有无漏气、堵塞、仪器有无破损等突发状况；对于有可能发生危险的实验，应佩戴护目镜、面罩和手套等防护用具。

（4）实验室内严禁吸烟、饮食、打闹和嬉戏。

（5）严格遵守安全用电、用水要求，不用湿手使用电器。

（6）实验后，残渣、废液等应倒入指定容器内，统一处理；实验人员要及时洗手，关闭水、电等的开关。

三、意外事故的预防及处理

实验室一定要把实验室的安全放在首位，只有安全方能实现实验室诸项工作得以顺利进行。所以，学生进入实验室的第一堂课，应为"安全教育课"。

实验室安全可确保师生人身安全和学校财产避免损失，它包括防火、防爆、防毒以及正确使用各种仪器等工作及一旦出现事故如何处理和自我保护等。

1. 防火

防火就是防止意外燃烧。通过控制意外燃烧的条件，就可有效防止火灾。

（1）使用或处理易燃试剂时，应远离明火。不能用敞口容器盛放乙醇、乙醚、石油醚等低沸点、易挥发、易燃液体，更不能用明火直接加热。这些物质应在回流或蒸馏装置中用水浴或蒸汽浴进行加热。

（2）蒸馏易燃的有机物时，装置不能漏气，如发生漏气应立即停止加热并检查原因。实验时产生的尾气最好用橡胶管引入下水槽。

（3）实验用后的易燃、易挥发物质不可乱倒乱放，应回收处理。

（4）若一旦不慎发生火情，应沉着冷静，及时采取措施，控制事故扩大化。应立刻熄灭附近所有火源，移开易燃物质，切断电源，迅速移开附近一切易燃物质，停止通风。再根据具体情况，采取适当的灭火措施，将火熄灭。如容器内着火，可用石棉网或湿布盖住容器口，隔绝氧气使火熄灭；实验台面或地面小范围着火，可用湿布或黄沙覆盖熄灭；电器着火，可用CO_2灭火器熄灭；衣服着火时，切忌四处乱跑，应用厚的外衣淋湿后包裹使其熄灭，较严重时应卧地打滚（以免火焰烧向头部），同时用水冲淋，将火熄灭。

2. 防爆

实验仪器堵塞或装配不当、减压蒸馏装置使用不耐压的仪器、反应过于猛烈（难以控制）都有可能引起爆炸。爆炸事故容易造成严重后果，实验室中应认真防范，杜绝此类事故发生。为防止爆炸，应注意以下几点。

(1) 实验室中的气体钢瓶应远离热源，避免暴晒与强烈震动。使用钢瓶或自制的氢气、乙炔或乙烯等气体做燃烧实验时，一定要在除尽容器内的空气后，方可点燃。

(2) 某些有机过氧化物、干燥的金属炔化物和多硝基化合物等都是易爆的危险品，不能用磨口容器盛装，不能研磨，不能使其受热或受剧烈撞击。使用时必须严格按操作规程进行。

(3) 仪器装置不正确，也会引起爆炸。在进行蒸馏或回流操作时，全套装备必须与大气相通，绝不能造成密闭体系。减压或加压操作时，应注意事先检查所用器皿是否能承受体系的压力。减压蒸馏时，应用圆底烧瓶或吸滤瓶做接收器，不得使用一般锥形瓶，器壁过薄或有伤痕都容易发生爆炸。

(4) 常压操作时，切勿封闭体系加热或反应，并防止反应装置出现堵塞而导致体系压力剧增而爆炸

(5) 易燃有机溶剂（特别是低沸点易燃溶剂），在室温时具有较大蒸气压。空气中混杂有机溶剂的蒸气达到某一极限时，遇明火即发生爆炸。

表 1-1 及表 1-2 分别为常用易燃溶剂蒸气及易燃气体爆炸极限。

表 1-1 常用易燃溶剂蒸气爆炸极限

名称	沸点/℃	闪燃点/℃	爆炸范围(体积分数)/%
甲醇	64.96	11	6.72～36.50
乙醇	78.5	12	3.28～18.95
乙醚	34.51	−45	1.85～36.50
丙酮	56.2	−17.5	2.55～12.8
苯	80.1	−11	1.41～7.10

表 1-2 易燃气体爆炸极限

气体	空气中含量(体积分数)/%	气体	空气中含量(体积分数)/%
H_2	4～74	CH_4	4.5～13.1
CO	12.50～74.20	C_2H_2	2.5～80
NH_3	15～27		

3. 防毒

化学药品大多有不同程度的毒性。例如，苯不但可刺激皮肤，引起顽固性

湿疹，而且对造血系统及中枢神经系统均有损坏。误服 5～10mL 甲醇即可产生恶心、呕吐、呼吸困难等症状，尤其以视神经损坏最为明显。苯酚能灼伤皮肤，引起坏死或皮炎。芳香硝基化合物中毒后，引起顽固性贫血及黄疸。苯胺及其衍生物可引起贫血，且影响持久。不少生物碱具有强烈毒性，少量即可导致中毒，甚至死亡。现有资料表明，化学致癌物主要是有机物，除部分稠环芳烃外，苯、氯乙烯、联苯胺、β-萘胺等已证明对人类具有致癌性。现已有证据表明：丙烯腈、四氯化碳、硫酸二甲酯、环氧乙烷等对人类可能具有致癌性。实验室中，人体中毒主要是通过呼吸道、皮肤渗透及误食等途径发生的。因此，防毒要做到以下几点。

（1）进行有毒或有刺激性气体实验时，应在通风橱内操作或采用气体吸收装置。在使用通风橱时，不得将头伸入通风橱内。

（2）任何药品都不能直接用手接触。取用毒性较大的化学试剂时，应戴护目镜和橡胶手套。洒落在桌面或地面上的药品应及时清理。

（3）严禁在实验室内饮食。若误食或溅入口中有毒物质，尚未咽下者应立即吐出，再用大量水冲洗口腔；如已吞下，则需根据毒物性质进行解毒处理。如果吞入强酸，先饮大量水，然后再服用氢氧化铝膏、鸡蛋白；如果吞入强碱，则先饮大量水，然后服用醋，酸果汁和鸡蛋白。无论是酸中毒还是碱中毒，服用鸡蛋白后，都需灌注牛奶，不要吃呕吐剂。

（4）实验室应通风良好，尽量避免吸入化学蒸气的烟雾和蒸气。

（5）实验完毕，要及时、认真洗手。

（6）吸入气体中毒者，应将吸入者移到户外空气流通处，解开衣领和纽扣，严重者要及时送医院治疗。若不慎吸入少量氯气或溴气，可用碳酸氢钠溶液漱口，然后吸入少量酒精蒸气，并到室外空气流通处休息。

4. 防灼伤

皮肤接触高温、低温或腐蚀性物质后，均可能造成灼伤。为避免灼烧，取用这类药品时，应戴护目镜和橡胶手套，发生灼烧时按下列要求处理。

（1）被热水烫伤。一般在患处涂上红花油，再擦烫伤膏。

（2）被酸灼伤。若酸溅在皮肤上，应用大量水冲洗，再用弱碱性稀溶液（如 1% 碳酸钠溶液或碳酸氢钠溶液）清洗，然后涂上烫伤膏。若酸液溅入眼镜，抹去溅在外面的酸，立即用大量水冲洗，然后送往医院治疗。

（3）被碱灼伤。若碱溅在皮肤上，应先用大量水冲洗，再用弱酸性稀溶液（如 1% 硼酸溶液）清洗，然后用水冲洗，最后涂上烫伤膏。若碱液溅入眼镜，抹去溅在外面的碱，立即用大量水冲洗，然后送往医院治疗。

(4) 被溴液灼伤。先用大量水冲洗，然后用 2% 硫代硫酸钠溶液或酒精擦洗至灼伤处呈白色，再涂上甘油或鱼肝油软膏加以按摩。

5. 防割伤

玻璃仪器是有机化学实验最常使用的仪器，玻璃割伤是常发生的事故。使用玻璃仪器应注意以下几点。

(1) 在安装仪器时，要特别注意保护其薄弱部位。如插温度计时，在插入端蘸上一点水或甘油，以起到润滑作用。安装仪器时，不宜用力过猛，以免仪器破裂，割伤皮肤。

(2) 一旦发生割伤，应先将伤口处的玻璃碎片取出，用蒸馏水清洗伤口后，涂上红药水或敷上创可贴。如伤口较大或割破了主血管，则应在伤口上方 5~10cm 处用绷带扎紧或用双手掐住，立即送医院治疗。

6. 防电

实验室中应注意安全用电，用电应注意以下几点。

(1) 使用电器设备前，应先用验电笔检查电器是否漏电。实验过程中如察觉有焦煳异味，应立即切断电源，以免造成严重后果。

(2) 连接仪器的电线插头不能裸露，要用绝缘胶带缠好。不能用湿手触碰电源开关，也不能用湿布去擦拭电器及开关。

(3) 一旦发生触电事故，应立即切断电源，并尽快用绝缘物质（如干燥的木棒、竹竿等）使触电者脱离电源，然后对其进行人工呼吸并急送医院抢救。

四、实验室环境保护

实验室的环境保护，就是要对实验过程中产生的"三废"（废气、废液和废渣）等有毒有害的物质及时进行妥善处理，以消除或减少其对环境的污染。教师在设计实验方案时应尽量选择环保、绿色、低毒物品做实验，实验废液、废渣尽量少，有利于减少环境污染、保护环境。

1. 废气处理

实验室排出的少量毒性较小的气体，允许直接排空，被空气稀释。根据有关规定，放空管不得低于屋顶 3m。若废气量较多或毒性较大，则需通过化学方法进行处理。如 CO_2、NO_2、SO_2、Cl_2 等酸性气体可用碱液吸收；H_2S 可通过硫酸铜溶液；NH_3 等碱性气体则可用酸液吸收。

2. 废液、废渣处理

有毒、有害的废液和废渣不可直接倒入垃圾堆，必须经过化学处理使其转化为无害物质再行排放。例如，氰化物可用硫代硫酸钠溶液处理，使其生成毒性较低的硫氰酸盐；含硫、磷的有机剧毒农药可先与氧化钙作用再用碱液处理，使其迅速分解失去毒性；硫酸二甲酯先用氨水，再用漂白粉处理；含酚、苯胺的废液排放前应先加漂白粉，然后煮沸，这样毒性可降低并接近无毒程度，确保排放前废水中酚类含量小于国家规定的排放值 0.5mg/L；汞可用硫黄处理生成毒性较小的 HgS；含汞盐或其他重金属离子的废液中加入硫化钠，便可生成难溶性的氢氧化物、硫化物等，再将其深埋地下。

知识四　常见故障的处理

有机实验中，经常遇到一些意想不到的小故障，如瓶塞粘固打不开、仪器污垢难清除、分液时发生乳化现象等。下面介绍些处理这些故障的小技巧。

一、粘固的玻璃磨口打开技巧

当玻璃仪器的磨口部位因粘固而打不开时，可采取以下几种方法进行处理。

1. 敲击

用木器轻轻敲击磨口部位的一方，使其因受震动而逐渐松动脱离。对于粘固着的试剂瓶、分液漏斗的磨口塞等，可将仪器的塞子与瓶口卡在实验台或木桌的棱角处，再用木器沿与仪器轴线成约 70°角的方向轻轻敲击，同时间歇地旋转仪器，如此反复操作几次，一般便可打开粘固不太严重的磨口。

2. 加热

有些粘固着的磨口，不便敲击或敲击无效，可对粘固部位的外层进行加热，使其受热膨胀而与内层脱离。如用热的湿布对粘固处进行"热敷"、用电吹风或游动火焰烘烤磨口处等。

3. 浸润

有些磨口因药品侵蚀而粘固较牢，或属结构复杂的贵重仪器，不宜敲击或加热，可用水或稀盐酸浸泡数小时后将其打开。如急需仪器，也可采用渗透力较强的有机溶剂（如苯、乙酸乙酯、石油醚及琥珀酸二辛酯等）滴加到磨口的缝隙处，使之渗透浸润到粘固的部位，从而相互脱离。

二、仪器上特殊污垢的清除技巧

当玻璃仪器上黏结了污垢，用一般洗涤方法难以除去时，可先弄清楚污垢的性质，然后有针对性的进行处理。

对于不溶于水的酸性污垢，如有机酸、酚类沉淀物等，可用碱液浸泡后清洗；对于不溶于水的碱性污垢，如金属氧化物、水垢等，可用盐酸浸泡后清洗；如果是高锰酸钾沉淀物，可用亚硫酸钠或草酸溶液清洗；硝酸银污迹可用硫代硫酸钠溶液浸泡后清洗；二氧化锰沉积物可用浓盐酸使其溶解；粘有碘时，可用碘化钾溶液浸泡；焦油或树脂状污垢，可用苯、酯类等有机溶剂浸溶后再用普通方法清洗；银镜（或铜镜）反应后黏附的银（或铜），加入稀硝酸微热后即可溶解。

三、温度计被胶塞黏结处理办法

当温度计或玻璃管与胶塞、胶管黏结在一起而难以取出时，可用小改锥或锉刀的尖柄端插入温度计（或玻璃管）与胶塞（或胶管）之间，使之形成空隙，再滴几滴水或甘油，如此操作并沿温度计（或玻璃管）周围扩展，同时逐渐深入，很快就能取出。

四、烧瓶内壁上析出结晶的溶解技巧

在回流操作或浓缩溶液时，经常会有结晶析出在液面上方的烧瓶内壁上，且附着牢固，不仅不能继续参加反应，有时还会因热稳定性差而逐渐变色分解。遇此情况，可轻轻振摇烧瓶，以内部溶液浸润结晶，使其溶解。如果装置活动受限，不能振摇烧瓶时，可用冷的湿布敷在烧瓶上部，使溶剂冷凝沿器壁流下时，溶解析出的晶体。

五、洒落的汞的清理技巧

实验室中温度计破损时，会发生"洒汞事故"。汞蒸气对人体危害极大，洒落的汞应及时、彻底清理，不可流失。清理方法较多，可依不同情况选择使用。

1. 吸收

洒落少量的汞，可用普通滴管，将汞珠一点一滴吸起，收集在容器中。若量较大或洒落在沟槽缝隙中，可将吸滤瓶与一支75°玻璃弯管通过橡胶塞连接在一起，自制一个"减压吸汞器"，利用负压将汞粒通过玻璃管吸入滤瓶内。吸滤瓶与减压泵之间的连接线可稍长些，以免将汞吸入泵中。

2. 黏附

洒落在桌面或地面上的汞，若已分散成细小微粒，可用胶带纸黏附起来，然后浸入水下，用毛刷刷落至容器中。此法简单易行，效果好。

3. 冷冻

汞的熔点为-38.87℃。如果在洒落的汞表面上覆盖适量的干冰-丙酮混合物，汞就会在几秒之内被冷冻成固态而失去流动性，此时可较为方便地将其清理干净。

4. 转化

对于洒落在角落中，用上述方法难以收起的微量汞，可用硫黄粉覆盖散失汞粒的区域，使汞与硫化合成毒性较小的硫化汞，再加以清除。

六、乳化现象的消除

在使用分液漏斗进行萃取、洗涤时，尤其是碱溶液洗涤有机物，剧烈震荡后，往往会由于发生乳化现象不分层，而难以分离。如果乳化程度不严重，可将分液漏斗在水平方向上缓慢地旋转摇动后静置片刻，即可消除界面处的泡沫，促进分层。若仍不分层，可加适量水后，再水平旋转振动或放置过夜，便可分出清晰的界面。

如果溶剂的密度与水接近，在萃取或洗涤时，就容易与水发生乳化。此时可向其中加入适量乙醚，降低有机密度，而便于分层。

对于微溶于水的低酯类与水形成的乳化液，可通过加入少量氯化钠、硫酸铵等无机盐的方法，促其分层。

七、仪器的快速干燥方法

当实验中急需使用干燥的仪器，但又来不及用常规方法烘干时，可先用少量无水乙醇冲洗仪器内壁两次，再用少量丙酮冲洗一次，除去残留的乙醇，然后用电吹风吹片刻，即可达到干燥效果。

八、水浴中的烧瓶的稳固技巧

当用冷水或冰水浴冷却烧瓶中的物料时，常会由于物料量少、浴液浮力大而使烧瓶漂起，影响冷却效果，有时还会发生烧瓶倾斜灌入浴液的事故。如果用长度适中的铅条做成一个小于烧瓶底径的圆圈，套装烧瓶上，就会使烧瓶稳固地浸入浴液中。

九、简易的恒温冷却槽的制作

当某些实验需要恒温槽的温度较长时间保持低于室温时，用冷水或冰水浴冷却往往难以达到满意的效果。这时可自制一个简易的恒温冷却槽：用一个较大的纸箱（试剂或仪器包装箱即可）作外槽，把恒温槽放入纸箱中作内槽。内外槽之间放上适量干冰，再用泡沫塑料作保温材料，填充空隙并覆盖住上部。干冰的用量可根据实验所需温度与时间来调整。这种冷却槽制作简便，保温效果好。

知识五　常用仪器及反应装置

一、常用仪器

有机化学实验室常用仪器和设备如图 1-1、图 1-2 所示。

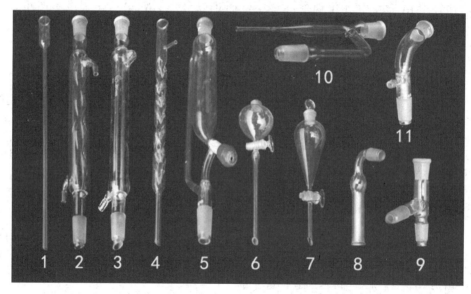

图 1-1　有机化学实验（实训）室常用仪器和设备（一）
1—空气冷凝管；2—球形冷凝管；3—直形冷凝管；4—分馏柱；5—恒压滴液漏斗；6—普通滴液漏斗；7—分液漏斗；8—干燥管；9—蒸馏头；10—分水器；11—接液管

二、反应装置的选择

选择合适的反应装置是确保实验顺利进行和成功的重要前提。制备实验的装置是根据制备反应的需要进行选择的。反应条件不同，反应原料和反应产物的性质不同，需要的反应装置也不同。有机反应最常使用的是回流装置。有时为防止生成产物长时间受热而发生氧化或分解，还可采用分馏装置，以便将产物从分液体系中及时分离出来。

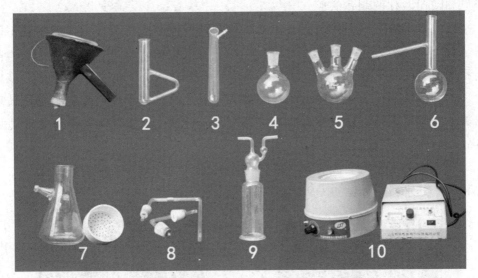

图 1-2 有机化学实验（实训）室常用仪器和设备（二）
1—保温漏斗；2—b形管（提勒管）；3—硬质支管试管；4—圆底烧瓶；5—三口烧瓶；
6—蒸馏烧瓶；7—吸滤瓶和布氏漏斗；8—弯管；9—洗气瓶；10—电加热套

1. 回流装置

有机化合物的制备，往往需要在溶剂中进行较长时间的加热。为防止在加热时反应物、产物或溶剂的蒸发逸散，避免易燃、易爆或有毒物质造成事故与污染，并确保产物收率，可在反应容器上竖直安装一支冷凝管。反应过程中产生的蒸气经过冷凝管时被冷凝，又流回到反应容器中。像这样连续不断地使液体沸腾汽化与冷凝流回的过程叫做回流，进行回流的装置叫做回流装置。

回流装置主要由反应容器和冷凝管组成。反应容器可根据反应的具体需要，选用适当规格的锥形瓶、圆底烧瓶、三口烧瓶等。冷凝管的选择要依据反应混合物沸点的高低，一般多采用球形冷凝管，其冷却面积较大，冷凝效果较好。当被加热的液体高于140℃时，其蒸气温度较高，容易使水冷凝管的内外管连接处因温差过大而发生炸裂，此时应改用空气冷凝管。若被加热的液体沸点很低或其中有毒性较大的物质时，则可选用蛇形冷凝管，以提高冷却效率。

实验或实训时，还可根据反应的不同需要，在反应容器上装配其他仪器，构成不同类型的回流装置。

（1）普通回流装置 普通回流装置如图 1-3 所示，由圆底烧瓶和冷凝管组成。

普通回流装置是最简单、最常用的回流装置，适用于一般的回流操作，如

模块一　基本知识　13

肥皂和阿司匹林的制备实验。

（2）带干燥管的回流装置　带有干燥管的回流装置，与普通回流装置不同的是在回流冷凝管上端装配干燥管，以防止空气中的水汽进入反应系统。为防止系统被封闭，干燥管内不要填装粉末状干燥剂。可在管底塞上脱脂棉或玻璃棉，然后填装颗粒装或块状干燥剂，如无水氯化钙等。干燥剂和脱脂棉或玻璃棉都不能装（或塞）得太实，否则堵塞通道，使整个装置成为封闭体系而造成事故。

（3）带分水器的回流装置　带分水器的回流装置是在反应器和冷凝管之间安装一个分水器，如图1-4所示。

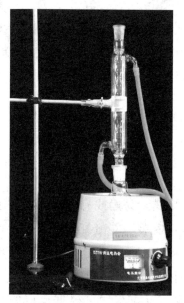

图1-3　普通回流装置

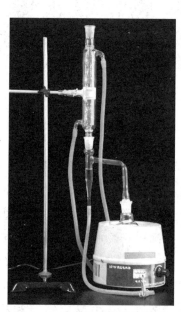

图1-4　带分水器的回流装置

带有分水器的回流装置常用于可逆反应体系，如乙酸正丁酯的制备。当反应开始后，反应物和产物的蒸气与水蒸气一起上升，经过冷凝管时被冷凝回流到分水器中，静置后分层，反应物和产物由侧管流回反应容器，而水则从反应体系中被分出。由于反应过程中不断除去了生产物之一——水，因此使平衡向增加反应产物方向移动。

当反应物和产物的密度小于水时，采用图1-5所示装置。加热前先在分水器中装满水，并使水面略低于支管口，然后放出比反应中理论出水量略多些的水。

若反应物及产物的密度大于水时，则应采用图1-5(a)所示的分水器。采

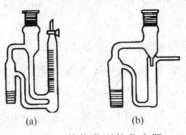

图 1-5　其他类型的分水器

用图 1-5(a) 所示的分水器时,应在加热前用原料物通过抽吸的方法将刻度管充满;若需分出大量水时,则可采用图 1-5(b) 所示的分水器。该分水器不需事先用液体填充。

使用带分水器的回流装置制备物质时,可在出水量达到理论值后停止回流。

(4) 带气体吸收的回流装置　带有气体吸收的回流装置如图 1-6 所示。与普通回流装置不同的是多了一个气体吸收装置。

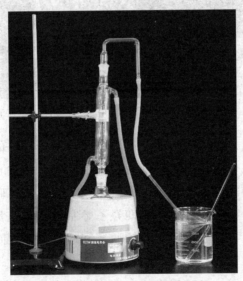

图 1-6　带气体吸收的回流装置

使用此装置要注意:漏斗口不得完全浸入水中,以免倒吸;在停止加热(包括反应过程中因故暂停加热)前,必须将盛有吸收液的容器移去,以防倒吸。

该装置特别适用于反应时有难以冷凝却易溶于水的气体(如氯化氢、溴化氢、二氧化硫等)产生的实验,如 1-溴丁烷的制备实验。为提高吸收效果,可根据气体的性质采用适宜的水溶液作吸收液，如酸性气体用稀碱水溶液吸收，效果会更好些。

（5）带搅拌器、冷凝管和滴液漏斗的回流装置　这种回流装置是在反应容器上同时安装搅拌器、冷凝管及滴液漏斗等仪器，如图 1-7 所示。搅拌能使反应物之间充分接触，使反应物各部分受热均匀，并使反应放出的热量及时散开，从而使反应顺利进行。使用搅拌装置，既可缩短反应时间，又能提高反应效率。

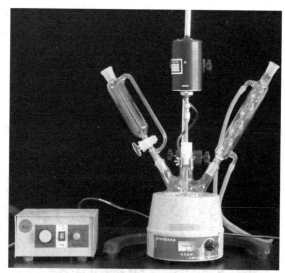

图 1-7　带搅拌器、冷凝管和滴液漏斗的回流装置

常用的搅拌装置是电动搅拌器。电动搅拌器由带支柱的机座、微型电动机和调速器三部分组成，电动机主轴配有搅拌器轧头，通过它将搅拌棒扎牢。

用于回流装置中的电动搅拌器一般具有密封装置。实验室用的密封装置有三种。简易密封装置、液封装置和聚四氟乙烯密封装置。实验室常用聚四氟乙烯密封装置，其主要由置于聚四氟乙烯瓶塞和螺旋压盖之间的硅橡胶密封圈其密封作用。

密封装置装配好后，将搅拌棒的上端用橡胶管与固定在电动机转轴上的一短玻璃棒连接，下端距离三口烧瓶底 0.5cm。在搅拌过程中要避免搅拌棒与塞中的玻璃管或烧瓶底部相碰撞。

该装置的装配步骤如下。

①用铁夹夹紧三口烧瓶的中间颈口，使其固定在搅拌器的支柱上；②进一步调整搅拌器或三口烧瓶的位置，使装置正直；③用手转动搅拌棒，应无内

外玻璃互相碰撞声；④低速开动搅拌器，试验运转情况；⑤运行合格，再装配三口烧瓶另外两个颈口中的仪器。如需测定反应体系的温度，则在一个侧口中装配一个双口接管，双口接管上安装冷凝管和滴液漏斗。冷凝管和滴液漏斗也需用铁夹固定在搅拌器的支柱上。三口烧瓶的另一个侧口装配温度计。再次开动搅拌器，如果运转正常，才能投入物料进行实验。

向反应器内滴加物料，常采用滴液漏斗或恒压漏斗。滴液漏斗的特点是当漏斗颈深入液面下时，仍能从伸出活塞的小口处观察滴加物料的速率。恒压漏斗除具有上述特点外，当反应器内压力大于外界大气压时，仍能向反应器中顺利地滴加物料。

带有搅拌器、冷凝管和滴液漏斗的回流装置适用于在非均相溶液中进行。

2. 回流操作要点

(1) 选择反应容器和热源　根据反应物料量的不同，选择不同规格的反应容器。一般以所盛物料量占反应容器容积的 1/3～2/3 左右为宜。若反应中有大量气体或泡沫产生，则应选用容积稍大些的反应器。

实验室中，加热方式较多，如水浴、油浴、灯焰和电热套加热等。可根据反应物料的性质和反应条件的要求，适当地选用。

(2) 回流操作程序

① 装配仪器　以热源的高度为基准，首先固定反应容器，然后按照由下到上的顺序装配其他仪器。所有仪器应尽可能固定在同一铁架台上。各仪器的连接部位要严密。冷凝管的上口必须与大气相通，其下端的进水口通过胶管与水源相连，上端的出水口接下水道。整套装置要求正确、整齐和稳妥。

② 加入物料　原料及溶剂等可事先加入反应器中，再安装冷凝管等其他仪器；也可在安装完毕后由冷凝管上口用玻璃漏斗加入液体物料，或从安装温度计的侧口加入物料。沸石也应事先加入。

③ 加热回流　检查装置各连接处的严密性后，先通冷却水，再开始加热。最初宜缓慢升温，然后逐渐升高温度使反应液沸腾或达到反应要求的温度。反应时间以第一滴回流液落入反应器开始计算。

④ 控制回流速率　调节加热温度及冷却水流量，控制回流速率使液体蒸气浸润面不超过冷凝管有效冷却长度的 1/3 为宜。中途不可断冷却水。

⑤ 停止回流　回流结束时，应先停止加热，待冷凝管中没有蒸气后再停通冷却水，稍后按由上到下的顺序拆除装置。

3.用于制备反应的分馏装置

对某些化学稳定性较差，长时间受热容易发生分解、氧化或聚合反应的物质，可采用分馏装置。通过分馏柱将产物不断地从反应体系中分离出来，装置如图 1-8 所示。

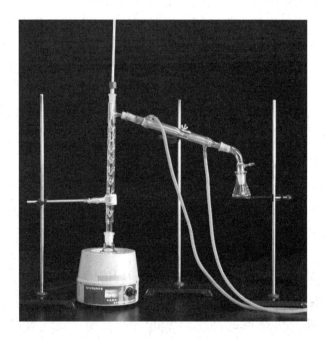

图 1-8　分馏装置

知识六　产品产率的计算

制备实验的产率是指产物的实际产量与理论产量的比值，通常以百分数来表示。

$$产率 = \frac{实际产量}{理论产量} \times 100\%$$

其中，理论产量是按照反应方程式，原料全部转化成产物的质量；而实际产量则是指实验中实际得到的纯品的质量。

为了提高产率，实验中常常增加某一反应物的用量。计算产率时，应以不过量的反应物的用量为基准来计算理论产量。例如，乙酸正丁酯的制备实验产率的计算。

反应方程式：

$$CH_3COOH + CH_3CH_2CH_2CH_2OH \xrightleftharpoons[]{H^+, \triangle} CH_3COOCH_2CH_2CH_2CH_3 + H_2O$$

　　　　　　乙酸　　　　　正丁醇　　　　　　　　　　乙酸正丁酯

摩尔质量/(g/mol)　60　　　　74　　　　　　　　　　　　116

实际用量/mol　　0.125　　 0.100

其中正丁醇用量较少，应作为计算理论产量的基准物。若0.100mol正丁醇全部转化为乙酸正丁酯，则理论产量为：

$$116g/mol \times 0.100mol = 11.60g$$

如果实际产量为8.12g，则：

$$产率 = \frac{8.12}{11.60} \times 100\% = 70.00\%$$

知识七　加热与冷却方法

一、加热

由于有机化学反应速率较慢，所以常常需要加热以提高反应速率。一般情况下，温度每升高10℃，反应速率就可增加一倍。

有机化学实验室中常用的加热方式有直接加热和间接加热两种。

1. 直接加热

直接加热属明火加热，常采用煤气灯、酒精灯和电炉等作为热源。酒精灯使用方便，但加热强度不大，常用于加热不易燃烧的物质。电炉使用较为广泛，加热强度可调控。明火火源加热反应物受热往往不均匀，反应效果较差，且加热易燃低沸点物质存在着火隐患，故不太安全。

2. 间接加热

间接加热是指通过传热介质作热浴的加热方式。具有受热面积较大，受热均匀，浴温可控制等优点，是有机化学实验最常采用的加热方式。常用的热浴有以下几种。

(1) 空气浴　空气浴是指反应容器与加热器之间留有一定空隙，利用热空气对反应器进行加热，常用的有石棉网上加热和电热套加热。在石棉网上加热时，注意容器与石棉网要留0.5～1cm间隙。使用电热套加热，应选择适当大一点的，以便蒸馏时能不断调节电热套的高低位置，避免容器内物质炭化。

（2）水浴　水浴加热时将反应容器置于水浴锅中，使水浴液面稍高于反应容器中反应液的液面。注意：反应容器勿接触水浴底。水浴使用方便、安全，适应于需要的加热温度在90℃以下时的反应。但不适用于需要严格无水操作的实验（如格氏试剂的制备及傅-克反应等）。

（3）油浴　油浴与水浴的区别，仅是浴液不同而已。常用的油类浴液有甘油、硅油、食用油和液体石蜡等。当需要加热温度在90～250℃之间时，可采用油浴。油浴所能达到的最高温度取决于所用油的种类。油浴中应放温度计以便调节加热温度。使用油浴加热时，切勿使水溅入油中，否则加热时会产生泡沫或引起飞溅。

透明石蜡油可加热到220℃，温度过高并不分解，但易燃烧。

甘油和邻苯二甲酸二丁酯的混合液适用于加热到140～180℃，温度过高则易分解。

（4）砂浴　砂浴加热是将细砂装到铁盘中，把反应器埋在砂中。适用于需要加热温度在250～350℃的反应体系。砂对热的传导能力差而散热却快，温度上升较慢且不易控制，因而使用不广。

目前，有机化学实验室中广泛使用的加热装置是电热套，它是一种以空气浴形式加热的热源，使用较为方便、安全，适当保温时，加热温度可达400℃以上。

近年来出现的新型热源——微波加热，安全可靠，温度可调，属非明火热源，具有广泛的应用前景。

二、冷却

一些低温反应和一些放热反应如果温度控制不当，会导致发生副反应。有时由于反应物蒸发，甚至会出现冲料或爆炸事故。为了控制反应速率，则需使进行适当的冷却使反应在低温下进行。在进行结晶操作时，有时为了降低溶质在溶剂中的溶解度或加快晶体析出速率，也常需要冷却。冷却方法是将装有反应物的容器浸入冷却剂中。

室温下进行的反应，用冷水冷却即可达到目的；低于室温的反应，最常用的冷却剂是冰或冰水的混合物，后者能和器壁更充分地接触，冷却效果优于前者。

若需要0℃以下的低温时，可用冰和盐的混合物作冷却剂，详见表1-3。

表 1-3 冰-盐冷却剂

盐类	盐/(g/100g 碎冰)	冰浴最低温度/℃	盐类	盐/(g/100g 碎冰)	冰浴最低温度/℃
NH_4Cl	25	-15	$CaCl_2 \cdot 6H_2O$	100	-29
NaCl	30	-21	$CaCl_2 \cdot 6H_2O$	143	-55
$NaNO_3$	50	-18			

把干冰与某些有机溶剂混合时，可得到更低的温度，如与乙醇的混合物可达-72℃，与乙醚、丙酮或氯仿的混合物可达到-77℃。

低温循环泵是采用机械制冷的低温循环设备，具有提供低温液体、低温水浴的作用，使用时根据要求可调节所需的冷却温度

必须注意：当冷却温度低于-38℃时，则不能使用水银温度计（水银在-38.87℃凝固），而应用内装有机液体的低温温度计。

知识八 干燥方法

干燥是除去有机化合物中少量水分的操作。有机化合物在进行各种定性、定量分析和波谱分析之前都必须先经过干燥，否则将会影响测定结果的准确性。液体有机化合物在蒸馏前也常常需要干燥除去水分，防止水与液体有机物形成共沸物，或由于水分的存在造成前馏分增多、产率降低而影响产品的纯度。此外，有许多有机化学反应要求在无水条件下进行，所用试剂、药品和仪器等均需干燥处理。所以掌握干燥方法非常重要。

干燥方法可分为物理方法和化学方法两种。物理方法有晾干、加热、冷冻、真空干燥、分馏、共沸蒸馏和吸附等，离子交换树脂和分子筛也常用于脱水干燥。化学方法是利用干燥剂去水，根据干燥剂除水作用原理又可分为两类：第一类干燥剂能与水可逆地结合成水合物，如硫酸镁、硫酸铜、氯化钙等；第二类干燥剂可与水发生反应生成新的化合物，如氧化钙、五氧化二磷和金属钠等。实验室中应用较广的是第一类干燥剂。

一、气体物质的干燥

气体的干燥可采用吸附法。常用的吸附剂是氧化铝和硅胶，氧化铝的吸收量可达到其自身质量的15%～20%，硅胶可达到20%～30%。也可使气体通过装有干燥剂的干燥管、干燥塔或洗涤液进行干燥。干燥剂的选择可依气体的性质而定。例如，氢气、氯化氢、一氧化碳、二氧化碳、氮气、氧气

及低级烷烃、烯烃、醚、卤代烃等可用氧化钙、碱石灰、氯化钙、氢氧化钠或氢氧化钾等作干燥剂；氢气、氧气、二氧化碳、二氧化硫及烷烃、乙烯等可用五氧化二磷干燥；氧气、氮气、氯气、二氧化碳和烷烃等可用浓硫酸进行干燥。

干燥管或干燥塔中盛放的块状或粒状固体干燥剂不能装得太实，也不宜使用粉末，以便气体顺利通过。

使用装在洗气瓶中的浓硫酸作干燥剂时，其用量不可超过洗气瓶容量的1/3，通入气体的流速也不宜太快，以免影响干燥效果。

二、液体有机物的干燥

1. 干燥剂的选择

液体有机物中的微量水分常用干燥剂脱除。干燥剂的种类很多，如表1-4所示，选择时应注意以下几点。

（1）不能与被干燥物质起任何化学反应。

（2）不能溶于被干燥的液体中，并易与干燥后的有机物完全分离。

（3）吸水容量大，干燥效能高。吸水容量是指单位质量干燥剂所吸收的水量，吸水容量越大，吸收的水分就越多。干燥效能是指达到平衡时液体被干燥的程度，对形成水合物的无机盐干燥剂，常用吸水后结晶水的蒸气压来表示。

（4）干燥速率快，节省实验时间。

（5）价格低廉，用量较少，利于节约。

表1-4 各类有机物常用干燥剂

干燥剂	酸碱性	适用有机物	干燥效果
H_2SO_4	强酸性	饱和烃、卤代烃	吸湿性较强
P_2O_5	酸性	烃、醚、卤代烃	吸湿性很强，吸收后需蒸馏分离
Na	强碱性	卤代烃、醇、酯、胺	干燥效果好，但速率慢
Na_2O、CaO	碱性	醇、胺、醚	效率高，作用慢，干燥后需蒸馏分离
KOH、NaOH	强碱性	醇、醚、胺、杂环	吸湿性强，快速有效
K_2CO_3	碱性	醇、酮、胺、酯、腈	吸湿性一般，速率较慢
$CaCl_2$	中性	烃、卤代烃、酮、醚、硝基化合物	吸水量大，作用快，效率不高
$CaSO_4$	中性	烷、醇、醚、醛、酮、芳香烃	吸水量小，作用快，效率高
Na_2SO_4	中性	烃、醚、卤代烃、醇、酚、醛、酮、酯、胺、酸	吸水量大，作用慢，效率低，但价格便宜
$MgSO_4$	中性	烃、醚、卤代烃、醇、酚、醛、酮、酯、胺、酸	较Na_2SO_4作用快，效率高
3A分子筛		各类化合物	快速有效吸收水分，并可再生使用
4A分子筛		各类化合物	快速有效吸收水分，并可再生使用

2. 干燥剂的用量

实际操作中，干燥剂的用量与被干燥液体的性质、含水量及干燥剂的质量、颗粒大小、干燥温度、干燥时间等多种因素有关，很难确定具体的用量。如果被加入的干燥剂过少，则难以达到干燥目的，过多则会吸附被干燥液体造成产品损失。那么如何判断干燥剂加入的量是否合适呢？操作时一般可以通过观察干燥剂的状态来判断其用量的是否合适。如果加入的干燥剂附着于瓶壁或相互黏结在一起，表明用量不够，还需继续添加；当出现未吸水的松散干燥剂颗粒时，则表明干燥剂已足够。一般干燥剂的用量为每 10mL 液体约需 0.5~1g。

3. 干燥剂的使用方法

(1) 干燥前应尽量将被干燥液体中的水分分离干净。

(2) 有机液体中若含有较多水分，投入干燥剂后可能出现少量水层，此时必须将少量水层用分液漏斗分除或吸管洗去，确保无可见水层。

(3) 继续添加干燥剂，振摇，观察干燥剂的状态，判断其是否已经足量，再静置干燥。干燥过程要经常摇动瓶体，以提高干燥效率。干燥时间通常需 30~40min，最好放置过夜。干燥好的液体可直接滤入干燥蒸馏瓶内进行蒸馏。

注意：加入干燥剂的颗粒大小要适中。颗粒太大，吸水缓慢、效果差；颗粒过细，则吸附有机物多，影响收率。

三、固体有机物的干燥

固体有机化合物的干燥主要是除去固体中的少量水分或有机溶剂。根据固体有机化合物的性质及溶剂性质，可以选择自然晾干、烘干和干燥器干燥等适当的干燥方法进行干燥。

对于溶剂沸点低，在空气中稳定、不分解、不吸潮的固体，可将其放在洁净的表面皿上，摊成薄层。上面盖一张滤纸，以防污染，在空气中自然晾干。此法既简单又经济。

对于熔点较高且遇热不易分解或升华的固体，可放在表面皿或蒸发皿中，用红外灯或烘箱烘干或。

对易吸湿、易分解的物质最好用干燥器干燥。除普通干燥器外，常用干燥器还有真空干燥器和真空恒温干燥器（也称干燥枪）。真空干燥器的干燥效率较普通干燥器要高；干燥枪仅适用于少量固体样品的干燥，其干燥效率高，尤其适用于结晶水或结晶醇的去除。

知识九　萃取方法

萃取或提取是利用物质在不同溶剂中溶解度的不同，使溶质从一相转移到另一相中的操作过程，是进行分离提纯有机化合物的常用操作之一。通常将从固体或液体混合物中提取出所需要的物质过程，称为萃取；从混合物中洗去少量杂质，则称为洗涤。萃取和洗涤两者的原理一样，目的不同。按照被提取物的状态不同，萃取分为两种：一种是用溶剂从液体混合物中提取物质，称为液-液萃取；另一种是用溶剂从固体混合物中提取所需要的物质，称为液-固萃取。

用于萃取（洗涤）的溶剂又叫萃取剂（洗涤剂）。一般萃取剂的选择要求：与原混合物不能互溶，对被萃取物质溶解度要大、纯度高、沸点低、毒性小、价格便宜等。萃取用得较多的是从水溶液中萃取有机物，使用较多的溶剂有：乙醚、苯、四氯化碳、氯仿、石油醚、二氯甲烷、二氯乙烷、醋酸乙酯等。洗涤常用于在有机物中除去少量的酸、碱等杂质。这类萃取剂一般用5％氢氧化钠、5％碳酸钠或10％碳酸氢钠、稀盐酸、稀硫酸等。酸性萃取剂主要是除去混合物中的碱性杂质，而碱性萃取剂主要是除去混合物中的酸性杂质。总之，是使杂质成为盐而溶于水而被分离。若要除去产物中的少量的醇、醚等杂质，往往用浓硫酸做洗涤剂。

一、液-液萃取

液-液萃取常在分液漏斗中进行，选用分液漏斗的容积一般比液体的体积大一倍以上。在使用分液漏斗萃取之前，要先检查分液漏斗旋塞和顶塞是否漏水。

1. 分液漏斗使用前的准备

洗净分液漏斗，取下旋塞，用滤纸吸干旋塞及旋塞孔道中的水分，在旋塞上微孔的两侧涂上薄薄一层凡士林，然后小心将旋塞插入孔道并旋转至凡士林分布均匀透明为止。在旋塞细端伸出部分的圆槽内，套上一个橡胶圈，以防操作时旋塞脱落。

关好旋塞，在分液漏斗中装水，观察旋塞两端有无渗漏现象，再打开旋塞，看液体是否能通畅流下。然后，盖上顶塞，用手指抵住顶塞，倒置漏斗，检查其是否漏水。在确保分液漏斗旋塞关闭时严密、旋塞开启后畅通的情况下方可使用。

注意：试漏完毕，使用分液漏斗前须关闭旋塞。

2.萃取操作方法

由分液漏斗上口倒入被萃取液和萃取剂（萃取剂的用量一般为被萃取液的1/3左右），总体积不得超过分液漏斗容积的3/4，盖好顶塞。为使分液漏斗中的两种液体充分接触，用右手握住漏斗颈部，并用手掌顶住顶塞，左手持旋塞部位（旋柄朝上）倾斜漏斗并振摇，以使两层液体充分接触（见图1-9）。振摇几下后，应注意及时打开旋塞，排出因震荡而产生的气体。若漏斗中盛有挥发性的溶剂或用碳酸钠溶液中和酸液时，更应注意排放气体，以防产生的CO_2气体冲开顶塞，漏失液体。反复振摇几次后，将分液漏斗放在铁圈中静置分层。

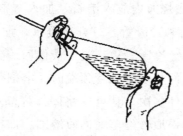

图1-9 萃取方法

3.两相液体的分离操作

当漏斗中的液体出现分层现象后，便可进行分离操作。先打开顶塞（或使顶塞的凹槽对准漏斗上口颈部的小孔），使漏斗与大气相通，再把分液漏斗下端靠在接收器的内壁上，缓慢旋开旋塞，放出下层液体（见图1-10）。当液面间的界线接近旋塞处时，暂时关闭旋塞，将分液漏斗轻轻振摇几下，再静置片刻，使下层液体集得多一些。然后打开旋塞，仔细放出下层液体。当液面间的界线移至旋塞孔时，关闭旋塞。最后把漏斗中的上层液体从上口倒入另一容器。

在实验结束前，应保留分离出来的上下两层液体，以便操作发生错误时，进行检查和补救。

分液漏斗使用完毕，用水洗净，擦去旋塞和孔道中的凡士林，在顶塞和旋塞处

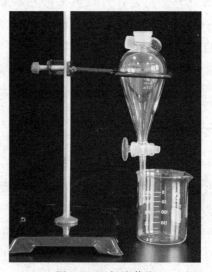

图1-10 液-液萃取

垫上纸条，以防久置粘牢而打不开。

二、液-固萃取

液-固萃取是利用固体化合物在溶剂中的溶解度不同，选择适当溶剂，从固体混合物中萃取所需要的物质。在实验室里常用普通回流装置或索氏提取器（或称脂肪提取器）进行液-固萃取。

索氏提取器由圆底烧瓶、抽提筒和球形冷凝管三部分组成。它是利用回流和虹吸原理，使固体物质连续被纯净的溶剂萃取，萃取效率高并节省溶剂。先将滤纸做成滤纸筒，把已研细的固体物质装入滤纸筒中，在上面盖一圆形滤纸片或少许脱脂棉，防止固体碎渣被溶剂浮出筒外，然后将滤纸筒放入提取器（或称抽提筒）内。在圆底烧瓶内放入沸石，加入溶剂（一般不宜超过其容积的 1/2），按图安装抽提筒和冷凝管，打开冷凝水，加热烧瓶。溶剂受热沸腾，蒸气通过蒸气上升管上升至冷凝管被冷凝为液体回流到抽提筒内，浸泡滤纸筒中的固体样品，当溶剂液面超过虹吸管顶端时，溶剂带着萃取出的物质从虹吸管虹吸流回烧瓶。如此循环多次，就可以将固体样品中的易溶物质提取出来，富集于烧瓶内的溶剂中。提取液经蒸馏回收溶剂，即得到产物。

知识十　未知物的鉴定方法

未知物通常可分为两类：第一类是文献中已有报道，其结构和性质是已知的，只是实验者暂时不了解它们是什么化合物，而将它们称为"未知物"；第一类是文献未曾报道的全新的化合物，需要实验者确定其组成、官能团等信息，是真正的未知物。第二类未知物的确定往往主要是科研工作者通过现代实验仪器及技术确定，而这里所要学习的是第一类未知物的鉴定。

对已知元素组成未知物的鉴定过程一般分以下几个步骤。

一、初步观察

观察外观，如颜色、状态、在空气中是否容易氧化，判别其是否有特征气味，与文献资料做对照，初步判断其种类。通常大多数有机物是无色的，酚和芳胺类易氧化而随氧化程度的不同呈现浅紫到深棕色；硝基和亚硝基化合物一般为黄色；醌类和偶氮化合物为黄色到红色。低级醇具有酒香味，低级酯具有令人愉快的花果香味；低级酮和中级醛具有清爽香味，而低级醛、低级羧酸和低级酸酐具有刺激性气味；低级胺一般具有鱼腥味；芳香族醛及硝基化合物常有苦杏仁味等。

通过灼烧试验可获得未知物是否易燃及火焰的颜色等信息。若熔融温度较低，容易燃烧，可初步确定为有机物；火焰呈黄色并带黑烟说明是芳香族或高度不饱和脂肪族化合物；黄色几乎无烟是脂肪族化合物的特征；化合物中含氧，其火焰为蓝色；含硫则因燃烧时产生二氧化硫而发出特殊的臭味；卤代烃燃烧有烟并有刺激性气味；多卤代烃一般不燃烧。

二、物理参数测定

测定未知物的物理参数有利于我们判断未知物的纯度，以便决定是否需要进行分离操作。

1. 液体样品

液体样品一般测定其沸点，若沸点的恒定，沸程较短（1~2℃），一般表明该液体是较纯的物质。但有时某些液体可形成二元或三元恒沸混合物，所以可进一步测定其折射率和密度。

2. 固体样品

固体样品可通过测定其熔点来确定其纯度。纯净物都有固定的熔点，熔程也较短（1~2℃）。

一旦确定未知物的纯度，了解了未知物的熔点或沸点，再在此基础上，通过一两个验证性的化学试验，即可确定其结构

三、元素定性分析

元素定性分析的目的是确定未知纯净物由哪些元素组成。有机化合物一般由碳、氢、氧三种元素，有些还含有硫、氮、卤素等元素。由于氧元素的鉴定比较困难和复杂，这里仅介绍碳、氢、氮、硫和卤素的鉴定方法。

1. 碳、氢元素的鉴定

将样品和氧化铜混合后放于试管中加热，试管口稍向下倾斜，碳元素被氧化成二氧化碳，可通过通入澄清的石灰水看其是否变浑浊，来说明是否有二氧化碳生成，同时证明是否有碳元素；氢可被氧化成水，可通过观察试管口附近的试管壁上是否有水珠出现，来证明是否有氢元素。

2. 氮、硫和卤素的鉴定

检验这些元素，需用钠熔法。把有机物都转变成无机钠盐，然后分离检验 CN^-、S^{2-}、和 X^- 等。

$$\text{有机化合物} \atop (\text{含有 C、H、O、N、S、X}) \quad +\text{Na} \xrightarrow{\text{共熔}} \begin{array}{l} \text{NaCN} \\ \text{Na}_2\text{S} \\ \text{NaCNS} \\ \text{NaX} \\ \text{NaOH} \end{array}$$

(1) **氮元素的鉴定** 将氮元素转变成 CN^-，用生成普鲁士蓝的反应检出。

$$FeSO_4 + 6NaCN \longrightarrow Na_4[Fe(CN)_6] + Na_2SO_4$$

$$3Na_4[Fe(CN)_6] + 4FeCl_3 \longrightarrow Fe_4[Fe(CN)_6]_3 \downarrow + 12NaCl$$

(2) **硫元素的鉴定** 将硫元素转变成 S^{2-}，用醋酸铅法检出。即将钠熔溶液用醋酸酸化，煮沸后放出硫化氢，使醋酸铅试纸生成黑褐色的 PbS。

$$2CH_3COOH + Na_2S \longrightarrow 2CH_3COONa + H_2S \uparrow$$

$$(CH_3COO)_2Pb + H_2S \longrightarrow PbS \downarrow + 2CH_3COOH$$

此外，也可在钠熔溶液中加入新制的亚硝基铁氰化钠，如呈紫红色表示有硫，本法非常灵敏。

$$Na_2S + Na_2[Fe(CN)_5NO] \longrightarrow Na_4[Fe(CN)_5NOS](\text{紫红色})$$

(3) **卤素的鉴定** 将钠熔溶液用稀硝酸酸化，在通风橱中煮沸驱除氰化氢和硫化氢，冷却后加入硝酸银溶液，如生成 AgX 沉淀，则证明含卤素。根据 AgX 的颜色初步判断含何种卤素。

$$NaX + AgNO_3 \longrightarrow AgX \downarrow + NaNO_3$$

这些元素的检出还可通过高锰酸银热分解产物氧化法，在此不作介绍。

备注：钠熔法 将一支干燥的硬质小试管竖直固定在铁架台上，用小刀切取一粒黄豆大小的金属钠（去掉氧化层），投入试管中，用小火在试管底部加热使钠熔融，待钠的蓝白蒸气充满试管下半部时，移开灯焰，迅速加入 20mg 固体样品或 3~4 滴液体样品，使其直落管底，但勿粘在试管壁上。此时，试管内发生激烈反应。待反应和缓后，重新加热，使试管底部呈暗红色，冷却。向试管中加入 1mL 无水乙醇分解过生的金属钠。再继续用强或加热至试管红热时，立即趁热将试管底部浸入盛有 20mL 蒸馏水的小烧杯中，使试管炸裂，钠熔物溶于水中。将此溶液煮沸、过滤，滤渣用水洗涤两次，得无色或淡黄色澄清滤液。待用。若溶液呈棕色，表示试样加热不足，分解不完全，需重做。

四、官能团鉴定

即通过官能团的特征反应，进行鉴定，便可推知确定其结构。官能团的鉴定可参考模块二中部分实验。

五、衍生物制备

为准确无误，还可将已基本确定了结构的未知物制成其衍生物，测定衍生物的熔点，通过查阅相关资料，进行对比，便可确定该化合物的结构。

思考与讨论

1. 进行有机化学实验前，为什么需要充分预习？
2. 有机化学实验的安全注意事项有哪些？
3. 实验室中如何防止火灾事故的发生？衣服着火时应如何处理？
4. 在实验室吃早餐安全吗？试说说有哪些危害。
5. 在化学实验室中，应采取哪些环保措施来减少污染？
6. 如何判断干燥剂所加量是否合适？
7. 萃取操作要注意哪些事项？
8. 如何鉴定未知物？

模块二
基础实验

有机化合物的获得不论是天然提取还是人工合成，都离不开有机化学实验的基本操作和性质检测。我们需要了解其熔点、沸点等基本参数，推断它们的分子结构，从而知道其性能和用途，更好地为我们所用。

近年来，波谱技术广泛应用于分离、分析和鉴定，使有机化学的实验方法发生了根本的变化。但传统的化学分析法，特别是在试管中进行了的化学分析与鉴定，由于其具有简单易行、操作方便、准确度高和经济实用等特点，仍然被普遍应用于实验中，这也是每个化学、化工类专业的学生必须掌握的一项操作技术。

有机化学基础实验包括重结晶提纯乙酰苯胺、测定乙酰苯胺的熔点、测定无水乙醇的沸点、分馏乙醇-水混合物、水蒸气蒸馏八角茴香、减压蒸馏乙二醇、甲烷的制备及烷烃的性质与鉴定、乙烯和乙炔的制备及不饱和烃的性质与鉴定、醇酚醚的性质与鉴定、醛和酮的性质与鉴定、羧酸及其衍生物的性质与鉴定和含氮有机物的性质与鉴定。

任务一　重结晶提纯乙酰苯胺

一、任务介绍

利用被提纯物质与杂质在同一溶剂中溶解性能的显著差异而将它们分离的操作称为重结晶，重结晶是提纯固体有机化合物常用的一种方法。正确的选择溶剂是重结晶的关键。根据"相似相溶"原理，极性物质选择极性溶剂，非极性物质选择非极性溶剂。在此基础上，选择溶剂还应注意以下几点：①不与被提纯物发生反应。②高温时，被提纯物在溶剂中溶解度较大；低温时，溶解度则很小。③杂质在溶剂中的溶解度很大或很小（很大时，当被提纯物结晶析出时，杂质仍留在母液中；很小时，当被提纯物溶解时，可将其过滤除去）。④易与被提纯物分离。

重结晶所用溶剂，一般可通过查阅实验资料获得。若无现成资料，可按下述方法实验来确定。

取两支试管，分别加入 0.1g 粗制品粉末，再用滴管分别加入 1mL 不同的溶剂，小心加热至沸腾，观察溶解情况。如果加热后都完全溶解，则冷却时析出晶体量多的溶剂则是最适合的。如果加入 3mL 热溶剂，仍不能使固体全部溶解，或固体在 1mL 热溶剂中能溶解，而冷却时却无晶体析出或析出很少，则溶剂就不能被选作重结晶所用溶剂。

当一种溶剂效果不理想时，可采用混合溶剂。混合溶剂一般由两种能互溶的溶剂组成。其中一种易溶解被提纯物，而另一种则较难溶解。如常用的混合溶剂有乙醇-水，丙酮-水，乙醚-苯，石油醚-丙酮等。

本实验是利用乙酰苯胺在水中的溶解度随温度变化差异较大的特点来进行操作的。先将粗乙酰苯胺在沸水中溶解，然后加活性炭脱色，不溶性杂质与活性炭在热过滤中被除去，可溶性杂质在乙酰苯胺冷却后析出晶体时留在母液中，再经过减压抽滤得到较纯的乙酰苯胺晶体，从而达到提纯目的。

二、训练目标

1. 知识目标

了解利用重结晶提纯固体有机物的原理和方法。

2. 技能目标

学会溶解、加热、热过滤和减压抽滤等基本操作。

3. 态度目标

认真操作，仔细观察实验现象。

三、仪器与药品

1. 仪器

烧杯（100mL）、烧杯（250mL）、电热套、酒精灯、铁架台、保温漏斗、减压抽滤装置、量筒、托盘天平。

2. 药品

粗乙酰苯胺、活性炭。

四、训练方法

1. 热溶解

用托盘天平称取 4g 粗乙酰苯胺，放在 250mL 烧杯中，加 60mL 水，用电热套加热至沸，并不断搅拌至乙酰苯胺完全溶解，如不能溶解可以适当补加水。

2. 脱色

停止加热，稍冷后在溶液中先加入 5mL 冷水，再加入少量（1 药匙即可）的活性炭，稍加搅拌后，继续煮沸 2min。

3. 热过滤

该操作可以与热溶解同时进行，目的是节约时间和减少燃料损耗。

将保温漏斗固定在铁架台上，往夹套中注满水，并用酒精灯加热支管。将折叠好的扇形滤纸放入漏斗中，当夹套中的水沸腾时，迅速将滤液倾入漏斗中趁热过滤。滤液用洁净的 100mL 小烧杯接收，待所有的溶液过滤完后，用少量的热水洗涤 250mL 烧杯和滤纸，装置如图 2-1 所示，扇形滤纸折叠方法如图 2-2 所示。

图 2-1　热过滤装置

4. 冷却结晶

所得滤液在室温下静置，冷却结晶，但冷却条件不同，所得晶体情况也不同，为了得到性状好、纯度高的晶体，在结晶析出的过程中应注意以下几点：

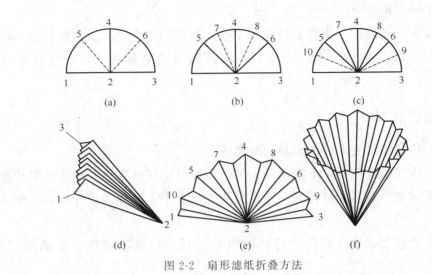

图 2-2 扇形滤纸折叠方法

（1）应在室温下逐步冷却至无固体出现时，再用冷水或冰水浴进行冷却，这样可保证晶体性状好，颗粒大小均匀，晶体内不含有溶剂或杂质。

（2）冷却结晶时，不宜剧烈搅拌，否则会使晶体颗粒太小。

（3）有时滤液已冷却，但晶体还未析出，可用玻璃棒摩擦瓶壁或投入少量晶种促使晶体析出。

5.抽滤（减压过滤）

待结晶析出完全后，按图 2-3 装置进行减压抽滤，尽量将母液抽干。注意所得晶体形状不要破坏，等待教师检查。

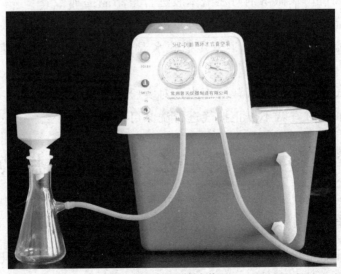

图 2-3 减压抽滤装置

6.干燥、称重

为保证产品纯度,需将晶体进行干燥,将溶剂彻底除去。本次实验,可用滤纸吸干晶体表面的水分。干燥后,将产品交给老师称重,学生自己计算产率。

五、注意事项

(1) 热过滤时夹套中的水必须要沸腾。

(2) 活性炭脱色时,不能加得太多,活性炭不仅吸附色素也可吸附被提纯物,故不宜加太多。同时注意不能在沸腾的状态下直接加入活性炭,以免引起暴沸。

(3) 热过滤装置安装与热溶解可同时进行。热过滤操作一定确保"热"和"快"。

(4) 减压过滤(又叫抽滤)的目的是将留在溶剂(母液)中的可溶性杂质与晶体(产品)彻底分离。其优点是过滤和洗涤速率快,固体与液体分离较完全,固体容易干燥。其操作主要事项有:①抽滤前,先打开循环水式真空泵的电源,再连接真空泵与抽滤瓶,抽滤操作完成后,先断开真空泵与抽滤瓶,再关闭真空泵电源。②转移产品时,晶体应与母液同时转移,尽量减少晶体的损失。③晶体全部转移至布氏漏斗后,为将母液尽量抽干,可用瓶塞挤压晶体。

六、思考与讨论

1. 为什么可用水做溶剂对乙酰苯胺进行重结晶提纯?
2. 重结晶时,为什么要加入稍过量的溶剂?
3. 热过滤时,若保温漏斗夹套中的水温不够高或操作不迅速,会有什么后果?
4. 若布氏漏斗中的滤纸裁剪不当,对实验会有什么影响?
5. 减压抽滤时,若不停止抽气进行洗涤可以吗?为什么?

任务二 测定乙酰苯胺的熔点

一、任务介绍

物质从开始熔化到完全熔化的温度范围叫做熔程。纯的有机化合物一般都有固定的熔点,熔程很小,仅为 $0.5 \sim 1℃$。如果含有杂质,熔点就会降低,熔程也将显著增大。大多数有机化合物的熔点都在 400℃ 以下，比较容易测定。因此，可以通过测定熔点来鉴别有机化合物和检验物质的纯度，还可以通过测定纯度较高的有机化合物的熔点来进行温度计的校正。在鉴定未知物时，如果测得其熔点与某已知物的熔点相同，并不能就此完全确认它们为同一化合物。因为有些不同的有机物却具有相同或相近的熔点，如尿素和肉桂酸的熔点都是 133℃。这时，可将二者混合，测该混合物的熔点，若熔点不变，则可认为是同一物质，否则，便是不同物质。

熔点的测定是将固体样品装在毛细管中，通过热浴间接加热进行的，测熔点用的热浴装置又叫熔点浴。常用的熔点浴及相应的熔点测定装置有双浴式和 b 形管式。我们学习用 b 形管式测定固体物质的熔点，方法是在 b 形管内装盛浴液，液面高度以刚刚超过上侧管 1cm 为宜，加热部位为侧管弯曲处，这样可便于管内浴液较好的对流循环。附有毛细管的温度计通过侧面开口塞安装在 b 形管中侧管两接口之间。

二、训练目标

1. 知识目标

了解测定熔点的意义、b 形管测定熔点的方法和测定物质的熔点。

2. 技能目标

学会使用 b 形管测定物质的熔点。

3. 态度目标

操作细致、认真，实事求是地记录实验数据。

三、仪器与药品

1. 仪器

铁架台、b 形管、温度计、毛细管、酒精灯、玻璃管、表面皿。

2. 药品

甘油、乙酰苯胺。

四、训练方法

1. 填装样品

取部分待测样品放在洁净而干燥的表面皿中，做成粉末并聚成小堆。

取一支毛细管，将一端放在酒精灯火焰上烧熔至封口，然后将毛细管的开口端向粉末堆中插 2～3 次，样品就会进入毛细管中（样品的高度不能太高,只能是 2~3mm)。取一支长玻璃管,垂直竖立在干净的台面,将毛细管开口端朝上,封口端朝下,由玻璃管上口投入,使其自由落下,样品就会填充至封口端,这样反复几次,样品就被紧密结实地填装在毛细管底部(注意:样品一定要填充紧密,如没有填充紧密,则继续在玻璃管内做自由落体)。

2. 安装装置

将 b 形管固定在铁架台上,装入甘油(浴液),甘油的高度至刚好高出支管 1cm 左右为宜。

将毛细管用橡胶圈捆绑到温度计上,毛细管内的样品与温度计测温球平行,并安装至 b 形管内,注意温度计刻度值应置于塞子开口侧并朝向操作者,毛细管应附在温度计侧面而不能在正面或反面,以便于观察。装置如图 2-4 所示。

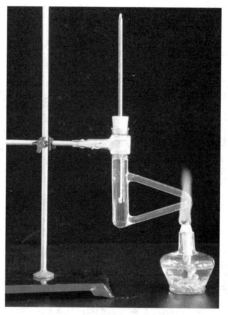

图 2-4 熔点测定装置

3. 测熔点

用酒精灯在 b 形管侧管弯曲处加热。开始时,升温速率可稍快些,大约每分钟上升 5℃ 左右。当距熔点约 10℃ 时,应将升温速率控制在每分钟上升 1~2℃,接近熔点时,还应更慢些。此时应密切关注毛细管内的变化情况,当发现样品出现潮湿时,表明固体开始熔化,记录初熔温度。当固体完全熔化,呈透明状态时,记录全熔温度,此两个温度值就是该化合物的熔程。例如,测得某化合物初熔温度为 52℃，全熔温度为 53℃，则该化合物的熔程为 52～53℃。

五、注意事项

熔点的测定，至少要有两次重复的数据。每次测定，都必须重新更换毛细管，并将浴液冷却至低于样品熔点 10℃ 以下，方可重复操作。

六、思考与讨论

1. 测定熔点时，为什么要用热浴间接加热？
2. 为什么说通过测定熔点可检验有机物的纯度？
3. 如果测得一未知物的熔点与某已知物的熔点相同，是否可就此确认它们为同一化合物？为什么？

任务三　测定无水乙醇的沸点

一、任务介绍

纯的液体受热时，蒸气压增大，当蒸气压与外界压力相等时就会沸腾，此时的温度称为该液态物质的沸点。在一定的压力下，每一种液态化合物都有固定的沸点，对于同一种化合物而言，在不同的压力下其沸点是不同的，但通常所说的沸点是指常压下的沸点。

利用蒸馏的方法可将沸点相差较大（>30℃）的液态混合物分开。所谓蒸馏就是将液态物质加热到沸腾变为蒸气，又将蒸气冷凝为液态这两个过程的联合操作。例如，蒸馏沸点相差较大的液体时，沸点较低者先蒸出，沸点较高者后蒸出，不挥发的留在蒸馏烧瓶中。这样可达到分离和提纯的目的。纯液态有机化合物其沸程（沸点范围）为 0.5～1℃，所以蒸馏可以用来测定沸点。沸点是有机化合物的物理常数之一。

沸点的测定方法有常量法和微量法两种，通常用常量法测定液态有机化合物的沸点，要求样品的体积 10mL 以上，常量法测定液态有机化合物的沸点用的是蒸馏装置。

二、训练目标

1. 知识目标

了解沸点的测定方法、普通蒸馏的基本原理及蒸馏过程。

2.技能目标

学会安装并使用蒸馏装置,学会测定物质的沸点和蒸馏产品的操作。

3.态度目标

认真学习,实事求是地记录数据和操作实验。

三、仪器与药品

1.仪器

铁架台、电热套、圆底烧瓶、蒸馏头、温度计、直形冷凝管、接液管、锥形瓶、长颈漏斗。

2.药品

无水乙醇、沸石。

四、训练方法

1.安装蒸馏装置

先以热源高度为基准,用铁夹将圆底烧瓶固定在铁架台上,再按由下到上,从左至右的顺序,依次安装蒸馏头、温度计、冷凝管、接液管和接收器(锥形瓶),检查装置的稳妥性后,便可按下列程序进行操作。蒸馏装置如图 2-5 所示,温度计的安装位置如图 2-6 所示。

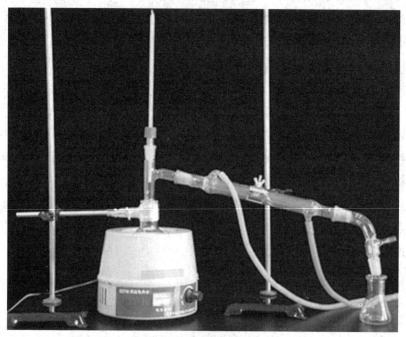

图 2-5 普通蒸馏装置

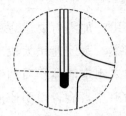

图 2-6　温度计在蒸馏头内的安装位置

2. 加入无水乙醇

将无水乙醇通过长颈漏斗倾入蒸馏烧瓶中，加几粒沸石，装好温度计。

3. 通冷却水

按由下进水至上出水的顺序把冷却水接通。

4. 加热蒸馏

调节电热套的加热电压进行加热，当蒸馏烧瓶内液体开始沸腾，其蒸气环到温度计的测温球部时，温度计的读数会急剧上升，这时应适当调小加热强度，使蒸气环包围测温球，保持汽-液两相平衡。调节加热强度控制蒸馏速率，以每秒馏出 1~2 滴为宜。

5. 观测沸点

记下第一滴馏出液滴入接收器（锥形瓶）时的温度即为该液体的沸点。

6. 停止蒸馏

维持原来的加热温度，当不再有馏出液蒸出时，温度会突然下降，这时应停止蒸馏。蒸馏结束时，应先停止加热、稍冷后再停止冷却水、再按照安装的相反顺序拆除蒸馏装置。

五、注意事项

（1）温度计的安装应使其测温球上端与蒸馏头侧管下端相平齐。

（2）冷却水应从下口进上口出。

（3）蒸馏的加热电压调节应刚好沸腾为好。

六、思考与讨论

1. 安装蒸馏装置时，应按怎样的顺序进行？
2. 开始加热之前，为什么要先检查装置的气密性？蒸馏装置中若没有与大气相通处，是否可以？为什么？
3. 由蒸馏头上口向蒸馏烧瓶中加入待蒸馏液体时，为什么要用长颈漏斗？

直接倒入会有什么后果?

4. 沸石在蒸馏时起什么作用?加沸石要注意哪些问题?

5. 为什么要控制蒸馏的速率?蒸馏速率太快对蒸馏有什么影响?

6. 为什么可通过普通蒸馏来测定液体物质的沸点?什么叫沸程?

7. 测得某种液体有固定的沸点,能否说明该液体是纯净物,为什么?

任务四　分馏乙醇-水混合物

一、任务介绍

分馏,又叫精馏。实验室中,分馏是在分馏柱中进行的。利用分馏柱(工业上用分馏塔),使沸点相差较小的液体混合物进行多次部分汽化和冷凝,以达到分离不同组分的目的,这种操作过程称为分馏,它是分离、提纯沸点相近的液体混合物的常用方法。当今最精密的分馏设备已能分离沸点相差 1~2℃ 的液体混合物。

分馏实际上就是将液态混合物加热至沸,当混合物蒸气进入分馏柱时,被柱外空气冷却,发生部分冷凝,冷凝液沿分馏柱下降,在下降的冷凝液与上升的蒸气互相接触时,上升的蒸气部分冷凝,放出热量使下降的冷凝液部分汽化,两者间发生了热交换,由于高沸点组分易冷凝,低沸点组分易汽化,故上升的蒸气中低沸点组分增加,而下降的冷凝液中高沸点组分增加。如果继续多次热交换,亦即进行多次汽-液平衡,致使低沸点组分不断汽化上升至分馏柱顶部被蒸馏出来,而高沸点组分则不断被冷凝流回烧瓶,这样沸点不同的物质便得以分离。

分馏装置比蒸馏装置多一支分馏柱,分馏柱安装于圆底烧瓶上。分馏柱的种类很多,实验室中常用的有填充式分馏柱和刺形分馏柱(也叫韦氏分馏柱)。填充式分馏柱内装有玻璃管、玻璃球、陶瓷等,可增加表面积、分馏效果好,适用于分离沸点相差较小的液体混合物。刺形分馏柱结构简单,黏附液体少,但分馏效果比填充式差些,适于分离量较少且沸点相差较大的液体混合物。

二、训练目标

1. 知识目标

了解分馏的基本原理、方法和过程。

2. 技能目标

学会安装并使用分馏装置，学会分馏乙醇-水混合物的操作。

3. 态度目标

认真、细致地操作，实事求是地记录数据。

三、仪器与药品

1. 仪器

铁架台、电热套、圆底烧瓶、刺形分馏柱、温度计、直形冷凝管、锥形瓶、普通漏斗。

2. 药品

80％乙醇-水混合物、沸石。

四、训练方法

1. 加入物料

在100mL圆底烧瓶中加入80％乙醇-水混合物，并加入几粒沸石。

2. 安装分馏装置

按照普通蒸馏装置的安装方法，安装好分馏装置，装置如图2-7所示。

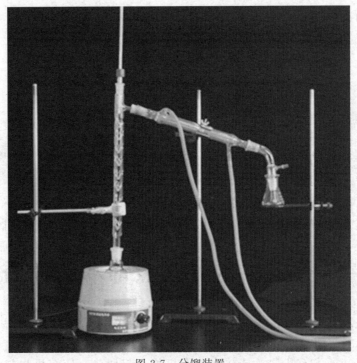

图2-7 分馏装置

3. 通冷却水

按由下进水至上出水的顺序把冷却水接通。

4. 加热蒸馏

调节电热套的电压加热,当烧瓶内液体开始沸腾后,蒸气慢慢上升进入分馏柱,当蒸气上升到柱顶,温度计水银球处出现液滴时,移去火焰使到达顶端的蒸气全部冷凝回流,并控制不使其进入分馏柱的侧管。3~5min 后,增大火焰,馏出液体,立即记录第一滴馏出液滴入接收器时的温度,调节火焰,使蒸气缓慢上升以保持分馏柱内有一个均匀的温度梯度,并控制馏出速率约1滴/(2~3)s,将80℃以前的馏分收集在1号瓶中。开始蒸出的馏分中含有低沸点的组分(乙醇)较多,而高沸点的组分(水)较少,随着低沸点组分陆续蒸出,混合液中高沸点组分含量逐渐升高,馏出液的沸点随之升高,减小加热量,收集 80~95℃的馏分于2号瓶中。当蒸气达到95℃时,停止蒸馏,冷却几分钟,使分馏柱内的液体回流至烧瓶,将烧瓶内的液体倒入3号瓶内,量出并记录各馏分的体积。

五、注意事项

(1) 将乙醇-水混合物倒入圆底烧瓶时,其量应不超过烧瓶容量的 50%。

(2) 当乙醇-水混合物开始沸腾,温度计水银球部出现液滴时,应移去火焰,使蒸气全部冷凝回流,以便充分润湿填料。

(3) 选择合适的回流比(化工单元操作课程将重点介绍回流比),否则达不到分馏要求。

六、思考与讨论

1. 若加热太快,馏出速率超过一般要求,用分馏方法分离两种液体的能力会显著下降,为什么?

2. 在分馏装置中分馏柱为什么要尽可能垂直?

3. 简述蒸馏和分馏原理,并说明它们在装置、操作上有何不同?

任务五　水蒸气蒸馏八角茴香

一、任务介绍

将水蒸气通入有机物,或将水与有机物一起加热,使有机物与水共沸而蒸馏出来的操作叫做水蒸气蒸馏。它是分离、提纯有机化合物重要方法之一，常用于下列情况：①在常压下蒸馏，会发生分解或氧化；②混合物中含有焦油状物质，用通常的蒸馏或萃取方法难以分离；③液体产物被混合物中较大量的固体所吸附或要求除去挥发性杂质。

当水与不溶于水的有机物混合时，其液面上的蒸气压等于各组分单独存在时的蒸气压之和。当两者的饱和蒸气压之和等于外界大气压时，混合物开始沸腾，这时的温度为它们的沸点，该沸点必定比混合物中任何一组分的沸点都低。因此，常压下应用水蒸气蒸馏，能在低于100℃的情况下将高沸点组分与水一起蒸出来。蒸馏时，混合物沸点保持不变，直到有机物全部随水蒸出，温度才会上升至水的沸点。

利用水蒸气蒸馏进行分离提纯的有机物必须是既不溶于水，也不与水发生化学反应，在100℃左右具有一定的蒸气压的物质（一般不少于1.333kPa）。

八角茴香，俗称大料、八角。味甘甜，有强烈而特殊的香气，是我国的特产，常用作调味剂。八角茴香中含有一种精油，叫做茴油，其主要成分为茴香脑，为无色或淡黄色液体，不溶于水，易溶于乙醇和乙醚。工业上用作食品、饮料、烟草等的增香剂，也用于医药方面。由于其具有挥发性，可通过水蒸气蒸馏从八角茴香中分离出来。

二、训练目标

1. 知识目标

掌握水蒸气蒸馏的基本原理和方法。

2. 技能目标

学会安装和使用水蒸气蒸馏装置，学会从八角茴香中分离茴油的操作。

3. 态度目标

严肃、细致、认真，实事求是地操作和记录实验数据。

三、仪器与药品

1. 仪器

水蒸气发生器、蒸馏烧瓶（125mL）、锥形瓶（100mL）、直形冷凝管、温度计套管、带尖嘴的75°弯管、接液管、长玻璃管（50cm）、T形管、螺旋夹。

2. 药品

八角茴香、沸石。

四、训练方法

1. 加料

称取 3g 八角茴香,捣碎后放入 125mL 蒸馏烧瓶中,加入 10mL 水,加入沸石。

2. 安装装置

按照从左至右的原则,先安装好水蒸气发生器,再通过 T 形管和带尖嘴的 75°弯管将产生的水蒸气导入至蒸馏烧瓶底部,用直形冷凝管冷凝蒸馏出来的茴油,用锥形瓶做接收器。水蒸气蒸馏装置如图 2-8 所示。

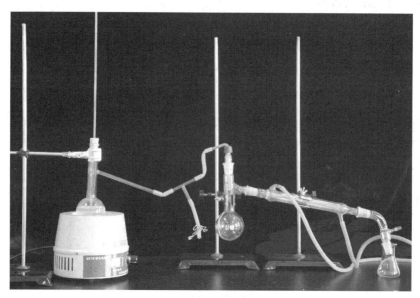

图 2-8 水蒸气蒸馏装置

3. 加热

检查装置气密性后,接通冷却水,打开 T 形管上的螺旋夹,开始加热。

4. 蒸馏

当 T 形管处有大量蒸气逸出时,立即旋紧螺旋夹,使蒸气进入烧瓶,开始蒸馏,调节蒸气量,使流出速率控制在 2～3 滴/s。

5. 停止蒸馏

当馏出液体积达 70mL 时,打开螺旋夹,停止加热,稍冷后,停通冷却水,拆除装置,记录馏出液体积,并倒入指定容器中。

五、注意事项

（1）注意水蒸气发生装置中玻璃管的安装和安全。

（2）生成的水蒸气必须通入八角茴水溶液中。

六、思考与讨论

1. 进行水蒸气蒸馏前，为什么要先打开 T 形管？
2. 本实验中，如何使茴油的分离效果更好？
3. 进行水蒸气蒸馏时，水蒸气导管的末端为什么要接近蒸馏烧瓶的底部？
4. 为什么蒸气发生器中加入 2/3 体积的水为宜？

任务六 减压蒸馏乙二醇

一、任务介绍

液体的沸点与外界施加于液体表面的压力有关，随着外界施加于液体表面的压力降低，液体的沸点下降。利用这一性质，降低系统压力，可使液体在低于正常沸点的温度下被蒸馏出来。这种在较低压力下进行的蒸馏叫做减压蒸馏（又叫做真空蒸馏）。减压蒸馏特别适用于分离和提纯那些沸点较高，稳定性较差，在常压下蒸馏容易发生氧化、分解或聚合的有机化合物。

一般的有机化合物，当外界压力降至 2.7kPa 时，其沸点可比常压下降低 100～120℃。

乙二醇，又称甘醇，是最简单的二元醇，略带甜味、无色黏稠的液体，沸点为 197.2℃。常用作高沸点溶剂和防冻剂，也用于制备树脂、增塑剂、合成纤维、化妆品和炸药等。因其沸点较高，一般采用减压蒸馏的方法加以分离提纯。本任务将体系压力减至 2.7～4.0kPa，收集 92～100℃ 的馏分，即可得到纯净的乙二醇。

二、训练目标

1. 知识目标

了解减压蒸馏的原理、方法和应用范围。

2. 技能目标

学会安装和使用减压蒸馏装置，熟悉压力计的使用方法，并会利用减压蒸馏提纯乙二醇。

3.态度目标

严肃、细致、认真，实事求是地操作和记录实验数据。

三、仪器与药品

1.仪器

圆底烧瓶、克氏蒸馏头、量筒、直形冷凝管、接液管、循环水式真空泵、温度计（100℃）、毛细管、螺旋夹。

2.药品

工业乙二醇、甘油。

四、训练方法

1.安装仪器

参照图2-9安装减压蒸馏装置，装置中各连接部位可涂少量凡士林，以防止漏气。检查实验装置，保证系统压力达到2.7kPa。

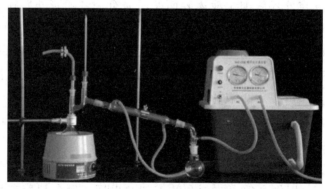

图2-9 减压蒸馏装置

2.加入物料

在圆底烧瓶中加入工业乙二醇60mL，开启减压泵，然后调节毛细管上的螺旋夹，使空气进入烧瓶，以能冒出一连串的小气泡为宜。

3.加热蒸馏

当系统压力达到约20×133Pa并稳定后，开通冷却水，用甘油浴加热。液体沸腾后，记录第一滴馏出液滴入接收器时的温度和压力。调节热源，控制蒸馏速率为每秒1~2滴。当蒸出约30mL馏出液时，再记录此时的温度和压力。然后移去热源，缓缓旋开安全瓶上的活塞，调节压力到约30×133Pa，重新加热蒸馏,记录第一滴馏出液滴入接收器和蒸馏接近完毕时的温度和压力。

4. 停止蒸馏

蒸馏完毕,先移去热源,结束蒸馏。

五、注意事项

(1) 用电热套加热,安装时,将圆底烧瓶离开电热套底部约 5mm,其周围也应留有一定空隙以保证烧瓶受热均匀。

(2) 重新加热前,先检查毛细管是否畅通,若发生堵塞,需更换毛细管。

(3) 不要蒸干,以免引起爆炸。

(4) 减压蒸馏操作中,要严格控制蒸馏速率,蒸馏速率过快,会使蒸馏瓶内的实际压力比压力计所示压力要高。

(5) 停止蒸馏时,要缓慢打开安全瓶的活塞,否则,可能会冲破压力计。

六、思考与讨论

1. 减压蒸馏适用于分离提纯哪些物质?
2. 若减压蒸馏装置的气密性达不到要求,应采取什么措施?
3. 一般在什么情况下使用减压蒸馏,固体有机物能否进行减压蒸馏?
4. 减压蒸馏时,为什么必须先抽气后加热?蒸馏结束时,为什么必须先停止加热,撤去热源,然后再停止抽气?顺序可否颠倒?为什么?

任务七 甲烷的制备及烷烃的鉴定

一、任务介绍

烷烃主要存在于天然气和石油中。天然气的主要成分是甲烷,可用作燃料,也可用来合成氯仿,还可用来制造水煤气、炭黑、乙炔等产品。石油主要是烃的混合物,石油经炼制可产生汽油、煤油、柴油等轻质燃料以及润滑油、石油沥青等产品。此外,还可得到烯烃和芳香烃等基础有机化学原料。

1. 甲烷的制备

实验室中,甲烷可由无水乙酸钠和碱石灰共热来制取。反应式如下:

$$CH_3COONa + NaOH \xrightarrow[\triangle]{CaO} CH_4\uparrow + Na_2CO_3$$

由于反应温度较高,在生成甲烷的同时,还会产生少量乙烯、丙酮等副产物。其中乙烯对甲烷的性质鉴定有干扰，可通过浓硫酸将其吸收除去。

2. 烷烃的性质

甲烷分子中仅含 C—H 键，而其他烷烃分子中除 C—H 键外，还含 C—C 单键。烷烃化学性质不活泼，不易发生化学反应，在一般条件下，与强酸、强碱、溴水和高锰酸钾等都不反应。但在光照下可发生卤代反应生成卤代烷烃；在空气中燃烧，生成二氧化碳和水。

二、训练目标

1. 知识目标

了解甲烷的制备原理和方法，熟悉烷烃的性质与鉴定。

2. 技能目标

学会安装和使用制备甲烷装置，学会制备一定量的甲烷并进行鉴定的操作。

3. 态度目标

严格按照操作规程进行烷烃的性质检验与鉴定，实事求是记录实验现象。

三、仪器与药品

1. 仪器

研钵、大试管（硬质 2.5cm×20cm）、导气管、尖嘴管、支管试管（2.0cm×20cm）、小试管、烧杯（100mL）、表面皿、铁夹、铁架台。

2. 药品

浓硫酸、无水乙酸钠、碱石灰、高锰酸钾（0.1%）、氢氧化钠固体、液体石蜡、溴的四氯化碳（3%）、饱和溴水、石油醚、氢氧化钠（20%）、碳酸钠（5%）、饱和氯化钡。

四、训练方法

1. 甲烷的制备

称取 4g 无水乙酸钠、2g 碱石灰和 2g 粒状氢氧化钠放在研钵中快速研细混匀后，装入干燥的硬质大试管中，管口配上带有导气管的塞子。用铁夹将试管固定在铁架台上，管口端稍稍向下倾斜。导气管的另一端通过塞子插入盛有浓硫酸的支管试管中，距管底 1cm 处，支管试管通过橡胶管与尖嘴管相连。甲烷制备装置如图 2-10 所示。

先用小火对试管整体均匀加热，再用强火加热试管中混合物，将火焰从试管前部逐渐移向底部，待空气排空后，做下列性质鉴定。

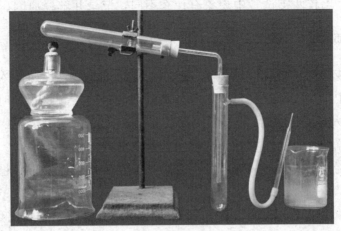

图 2-10 甲烷制备装置

2.甲烷的性质

（1）稳定性　在一支试管中加入饱和溴水和蒸馏水各 1mL，在另一支试管中加入 0.1％高锰酸钾溶液和 5％碳酸钠溶液各 1mL，分别向两支试管中通入经过浓硫酸洗过的甲烷，观察溶液的颜色有无变化，记录现象并解释原因。

（2）可燃性　在尖嘴管的尖嘴处点燃纯净的甲烷气体，观察火焰的颜色和亮度。在火焰的上方罩上一个干燥的烧杯，观察烧杯底壁上有什么现象发生？记录现象并解释原因。再将烧杯用澄清石灰水（或少量饱和氯化钡溶液）润湿后，罩在火焰上，观察有什么现象发生。记录现象并解释原因，写出有关化学反应式。

3.烷烃的通性

（1）稳定性　在一支试管中加入 0.1％高锰酸钾溶液和 5％碳酸钠溶液各 1mL，在另一支试管中加入饱和溴水 2mL，再分别向两支试管中各加入石油醚 1mL，振摇后观察现象，在盛有溴水的试管中两层液体的颜色有什么变化？记录现象并解释原因。

另取两支试管，各加入 1mL 液体石蜡，然后在一支试管中加入 1mL 浓硫酸，另一支试管中加入 1mL 20％氢氧化钠溶液，振荡后观察现象，记录并解释原因。

（2）可燃性　在一块表面皿上滴 4～5 滴石油醚或液体石蜡，点燃，观察现象并记录，说明发生了什么反应。

（3）取代反应　取两支试管，各加入 1mL 石油醚和 5 滴 3％溴的四氯化碳溶液，振摇后，一支立即用黑纸包好放于暗处，另一支置于阳光或日光灯下照射约 10min。比较两支试管中现象有什么不同，记录并解释原因。

五、注意事项

（1）乙酸钠受热熔化后极易暴沸外溅，要特别小心，以防溅入眼中。在整个熔融过程中，应不断搅拌，以减少外溅，同时可使熔融物冷却时不致结成硬块粘固在蒸发皿上。

（2）浓硫酸具有强腐蚀性，应避免触及皮肤或衣物。

（3）甲烷与空气能形成爆炸性混合物！应在甲烷气体发生平稳后再做可燃性试验。

（4）石油醚是无色透明液体，有煤油气味，主要为戊烷和己烷的混合物，是石油轻质馏分，常用作有机溶剂。

（5）液体石蜡别名白油、石蜡油、白色油、矿物油，属高级烷烃（$C_{18}H_{38} \sim C_{22}H_{46}$）混合物，沸点在 300℃ 以上，可做医药及化妆品的润滑剂。

六、思考与讨论

1. 实验室中制取甲烷为什么需要干燥的仪器和药品？
2. 碱石灰的主要成分有哪些？在制取甲烷时，各起什么作用？
3. 制取甲烷的试管口为什么要稍向下倾斜？
4. 为什么向溴水中通入甲烷气体的时间不宜过长？
5. 本实验中是如何证明甲烷燃烧产物是二氧化碳和水的？
6. 烷烃的溴代反应为什么用溴的四氯化碳溶液而不用溴水？

任务八　乙烯、乙炔的制备及不饱和烃的鉴定

一、任务介绍

乙烯、乙炔分子都属于不饱和烃，其官能团分别是 C=C 和 C≡C。

1. 乙烯、乙炔的制备

（1）乙烯的制备　乙醇在浓硫酸作用下，加热到 170℃ 发生分子内脱水生成乙烯。反应式如下：

$$CH_3CH_2OH \xrightarrow[170℃]{浓 H_2SO_4} CH_2=CH_2 + H_2O$$

在 140℃ 时，乙醇主要发生分子间脱水生成乙醚。反应式如下：

$$CH_3CH_2O-H + HO-CH_2CH_3 \xrightarrow[140℃]{浓 H_2SO_4} CH_3CH_2OCH_2CH_3 + H_2O$$

温度对上述两个反应影响显著，欲得到乙烯，应使反应温度迅速升至160℃以上。

浓硫酸具有较强的氧化性，在反应条件下，能将乙醇氧化成一氧化碳、二氧化碳等，自身则被还原成二氧化硫。为防止杂质气体干扰乙烯的性质实验，将生成的混合气体通过一个盛有氢氧化钠的洗气瓶中，二氧化碳、二氧化硫等酸性气体就会被碱液吸收，从而得到较为纯净的乙烯气体。

（2）乙炔的制备　实验室中，乙炔是由电石（碳化钙）与水作用制得的。反应式如下：

$$CaC_2 + 2H_2O \longrightarrow CH\equiv CH + Ca(OH)_2$$

电石与水的反应剧烈，可采用向体系中逐渐滴加饱和食盐水的方式，使反应平缓进行，得到平稳均匀乙炔气流。

工业电石中常含有硫化钙、磷化钙和砷化钙等杂质，它们与水作用可生成硫化氢、磷化氢和砷化氢等恶臭、有毒的还原性气体，它们的存在不仅污染空气，也干扰了乙炔的性质实验。将反应生成的混合气体通过盛有硫酸铜溶液（或铬酸洗液）的洗气瓶时，这些杂质气体就会被吸收。

2. 乙烯、乙炔的性质

乙烯、乙炔分子都属于不饱和烃，其官能团分别是 $C=C$ 和 $C\equiv C$。双键及三键中的π键易断裂，易与溴发生加成反应，使溴的红棕色褪去，也易被高锰酸钾氧化，使紫红色高锰酸钾溶液褪色。反应式如下：

（1）加成反应

$$CH_2=CH_2 + Br_2 \longrightarrow \underset{Br\ \ Br}{CH_2-CH_2}$$

$$CH\equiv CH + 2Br_2 \longrightarrow \underset{Br\ \ Br}{\overset{Br\ \ Br}{CH-CH}}$$

（2）氧化反应

$$3CH_2=CH_2 + 2MnO_4^- + 4H_2O \longrightarrow 3\underset{OH\ \ OH}{CH_2-CH_2} + 2MnO_2\downarrow + 2OH^-$$

$$5CH_2=CH_2 + 12MnO_4^- + 36H^+ \longrightarrow 10CO_2\uparrow + 12Mn^{2+} + 28H_2O$$

$$3CH\equiv CH + 10MnO_4^- + 2H_2O \longrightarrow 6CO_2\uparrow + 10MnO_2\downarrow + 10OH^-$$

此外，乙烯、乙炔都可在空气中燃烧，生成二氧化碳和水。

其他烯烃和炔烃也可发生上述同样反应。由于反应前后有明显的颜色变化或有沉淀生成，所以常用这些性质鉴别乙烯、乙炔及其他烯烃、炔烃。

(3) 炔氢的弱酸性　乙炔分子中的氢性质活泼，具有弱酸性，可与硝酸银氨溶液或氯化亚铜氨溶液作用，生成金属炔化物沉淀，这是具有 C≡C—H 构造的末端炔烃的特征反应，利用此反应可鉴定乙炔及其他末端炔烃。反应式如下：

$$CH\equiv CH \xrightarrow{[Ag(NH_3)_2]NO_3} AgC\equiv CAg\downarrow \text{（白色）}$$

$$CH\equiv CH \xrightarrow{[Cu(NH_3)_2]Cl} CuC\equiv CCu\downarrow \text{（棕红色）}$$

二、训练目标

1. 知识目标

了解乙烯、乙炔的制备原理和方法，熟悉不饱和烃的性质与鉴定。

2. 技能目标

学会安装和使用制备乙烯、乙炔装置，学会制备一定量的乙烯、乙炔并进行鉴定的操作。

3. 态度目标

严格按照操作规程进行不饱和烃的性质检验与鉴定，实事求是记录实验现象。

三、仪器与药品

1. 仪器

蒸馏烧瓶（50mL、100mL）、量筒、导气管和尖嘴管、小试管、洗气瓶（125mL）、恒压滴液漏斗、温度计、酒精灯、托盘天平。

2. 药品

氯化亚铜（3％）、羟胺（10％）、硝酸（6mol/L）、稀溴水（2％）、浓硫酸、饱和食盐水、乙醇（95％）、氢氧化钠（10％）、硫酸铜（10％）、氨水（2％）、高锰酸钾（0.1％）、碳酸钠（5％）、电石、硝酸银（2％）、黄砂。

四、训练方法

1. 乙烯的制备

加入 6mL 95％乙醇于干燥的 50mL 蒸馏烧瓶中，在振摇下分批加入 8mL 浓硫酸，再加入约 3g 黄砂。按图 2-11 装配实验装置（装置的最后接导气管或尖嘴管）。注意温度计的水银球部分应浸入反应液中，但不能接触瓶底。烧瓶的支管通过导气管与盛有 30mL 10％氢氧化钠溶液的洗气瓶连接，导气管应插入吸收液面下。检查装置的气密性后，先用强火加热，使反应液温度迅速升至 160℃，再调节热源，使温度维持在 165～175℃，即有乙烯气体产生。

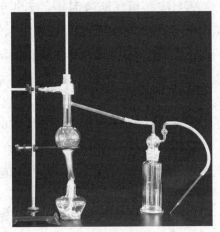

图 2-11　乙烯制备装置

2.乙烯的性质与鉴定

（1）加成反应　将导气管插入盛有 2mL 2％稀溴水的试管中，观察溴水的颜色变化。

（2）氧化反应　将导气管插入盛有 1mL 0.1％高锰酸钾溶液和 1mL 5％碳酸钠溶液的试管中。观察溶液颜色的变化及沉淀的生成。

将导气管插入盛有 2mL 0.1％高锰酸钾溶液和 2 滴浓硫酸的试管中，观察溶液颜色的变化。

（3）燃烧反应　在尖嘴管口处点燃乙烯气体，观察火焰明亮程度。

记录上述实验现象并解释原因。

3.乙炔的制备

将 7g 小块电石加入干燥的 100mL 蒸馏烧瓶中，按图 2-12 装配实验装置，

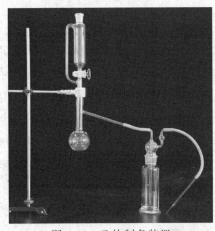

图 2-12　乙炔制备装置

模块二　基础实验　53

将烧瓶固定在铁架台上。瓶口安装恒压滴液漏斗，漏斗中装入 15mL 饱和食盐水。蒸馏烧瓶支管通过导管与盛有 30mL 10％硫酸铜溶液的洗气瓶连接，导气管应插入吸收液中，检查装置严密性后，缓慢旋开滴液漏斗的旋塞，逐滴加入饱和食盐水，即有乙炔气体平稳产生。

4. 乙炔的性质与鉴定

（1）加成反应　将导气管插入盛有 2mL 2％稀溴水的试管中，观察溶液颜色变化。

（2）氧化反应　将导气管插入盛有 1mL 0.1％高锰酸钾溶液和 1mL 5％碳酸钠溶液的试管中。观察溶液颜色的变化及沉淀的生成。

将导气管插入盛有 2mL 0.1％高锰酸钾溶液和 2 滴浓硫酸的试管中，观察溶液颜色的变化。

（3）炔氢的反应　在试管中加入 1mL 2％硝酸银溶液和 2 滴 10％氢氧化钠溶液，边振摇边滴加 2％氨水，直到沉淀恰好溶解（不要加过量！），得到澄清透明的硝酸银氨溶液。将导气管尖嘴端清洗后，插入此溶液中，观察现象。

在试管中加入 1mL 3％氯化亚铜氨溶液和 1mL 10％羟胺溶液，混合后蓝色褪去。将导气管清洗后插入该溶液中，观察现象。

注意：该实验完毕，不要将金属炔化物沉淀随意倒掉，应先弃去沉淀上面的清液，然后加 2mL 6mol/L 硝酸（或稀盐酸）加热至沸，使金属炔化物溶解。

（4）燃烧反应　擦干尖嘴管口，点燃乙炔气体，观察火焰亮度和黑烟的多少，并与甲烷、乙烯的燃烧情况进行对比。

记录上述实验现象并解释原因。

五、注意事项

（1）乙烯、乙炔性质试验所用的各种试剂，应事先加入试管中，一旦气体发生后，便可立即连续进行各项实验，以免造成气体浪费而不够用。

（2）实验时，导气管尖嘴必须插入试管中的液面以下。

（3）乙烯、乙炔的燃烧试验应放在其他试验项目后做，以免空气未排尽之前，点燃混合气体而引起爆炸事故！乙烯在空气中的爆炸极限为 2.72％～27.6％，乙炔在空气中的爆炸极限为 2.5％～80％，范围较宽，实验时一定要注意安全。

（4）乙烯的性质试验做完后，应先切断连接烧瓶与洗气瓶的橡胶管，再停止加热，否则容易引起碱液倒吸。

(5) 金属炔化物在干燥状态下，受热会发生猛烈爆炸，并放出大量热！因此，不能将金属炔化物沉淀随意倒掉，必须加酸分解。

六、思考与讨论

1. 制备乙烯时，加入浓硫酸起什么作用？浓硫酸为什么要在冷却下分批加入？

2. 制备乙烯的反应，温度计为什么要插入液面下？为什么要使反应温度迅速升至160℃以上，否则会有什么不良后果？

3. 在乙烯、乙炔的制备装置中，洗气瓶各起什么作用？

4. 制备乙炔时，为什么使用饱和食盐水来代替水与电石反应？若不用滴液漏斗而直接将饱和食盐水加入烧瓶中，可以吗？为什么？

5. 燃烧试验的时间为什么不宜过长？如何快速熄灭火焰？

6. 金属炔化物有何特性？实验后应如何处置？

7. 庚烷可用作聚丙烯生产中的溶剂，但要求不能含有烯烃。设计方案检验庚烷中是否含有烯烃。

任务九　醇、酚、醚的鉴定

一、任务介绍

醇、酚、醚都是烃的含氧衍生物，由于氧原子所连的基团（原子）不同，使其性质具有一定的差异。我们可根据其性质的差异，而对其进行鉴别或分离。

1. 醇的性质与鉴定

（1）与金属钠作用　醇中羟基中的氢原子比较活泼，可被金属钠取代，生成醇钠，同时放出氢气。反应式如下：

$$2RCH_2OH + 2Na \longrightarrow 2RCH_2ONa + H_2\uparrow$$

醇钠水解生成氢氧化钠，可用酚酞试液检验。

醇分子中碳原子数越多，反应越慢。若碳原子数相同，则带支链的醇比直链醇慢，除醇外，一些其他含活泼氢的化合物如羧酸也可发生该反应。

（2）与卢卡斯试剂作用　醇分子中的羟基可被卤原子取代，生成卤代烃。反应式如下：

$$2RCH_2OH + HX \longrightarrow 2RCH_2X + H_2O$$

模块二　基础实验

与羟基相连的烃基结构不同，反应活性也不同。叔醇最活泼、反应速率最快，仲醇次之，伯醇反应速率最慢。

将伯、仲、叔醇与卢卡斯试剂作用，生成的氯代烷不溶于卢卡斯试剂而出现浑浊或分层。叔醇因反应速率快而立即出现浑浊，放置后分层；仲醇反应速率较慢，需经微热后才出现浑浊；伯醇因反应速率很慢而无明显变化。可根据出现浑浊时间的快慢来鉴别伯、仲、叔醇。

（3）与氧化剂作用　伯醇和仲醇可与高锰酸钾、重铬酸钾等氧化剂发生氧化反应，而叔醇在常温下不易被氧化。其中，伯醇被氧化成羧酸，仲醇被氧化成酮，溶液由橘红色转变成绿色，叔醇因不被氧化，溶液的颜色不变。可利用这一性质鉴定叔醇。反应式如下：

$$3RCH_2OH + 2Cr_2O_7^{2-} + 16H^+ \longrightarrow 3RCOOH + 4Cr^{3+} + 11H_2O$$

$$3\ R_2CHOH + Cr_2O_7^{2-} + 8H^+ \longrightarrow 3\ R_2C{=}O + 2Cr^{3+} + 7H_2O$$

$$R_3C{-}OH + Cr_2O_7^{2-} + H^+ \longrightarrow 不反应$$

（4）多元醇与氢氧化铜作用　邻位多元醇可与某些重金属的氢氧化物作用生成类似盐类的物质。如乙二醇、丙三醇与新配制的氢氧化铜沉淀反应，生成绛蓝色溶液，利用这一反应可鉴定邻位二（多）元醇。反应式如下：

$$\begin{array}{c}CH_2OH\\|\\CHOH\\|\\CH_2OH\end{array} + Cu(OH)_2 \longrightarrow \begin{array}{c}CH_2{-}O\\\diagdown\\CH{-}OCu\\\diagup\\CH_2OH\end{array} + 2H_2O$$

2. 酚的性质与鉴定

（1）弱酸性　酚羟基与芳环直接相连，由于二者相互影响，使酚羟基具有弱酸性，可溶于氢氧化钠溶液，但不溶于碳酸氢钠。当芳环上连有吸电子基时，会使酚羟基的酸性增加，如苦味酸就具有较强的酸性，可溶于碳酸氢钠溶液，生成相应的盐。反应式如下：

$$C_6H_5OH + NaOH \longrightarrow C_6H_5ONa + H_2O$$

$$2,4,6{-}(NO_2)_3C_6H_2OH + NaHCO_3 \longrightarrow 2,4,6{-}(NO_2)_3C_6H_2ONa + CO_2\uparrow + H_2O$$

（2）与溴水作用 受酚羟基的影响，苯环变得活泼，更易发生取代反应。例如，常温下苯酚与溴水作用，立即生成2,4,6-三溴苯酚白色沉淀，反应灵敏，现象明显，可用于苯酚的鉴定。反应式如下：

$$\text{C}_6\text{H}_5\text{OH} + 3\text{Br}_2 \longrightarrow \text{Br}_3\text{C}_6\text{H}_2\text{OH} \downarrow + 3\text{HBr}$$

（3）与氯化铁作用 大多数酚类都可以与氯化铁溶液发生显色反应，且不同结构的酚，颜色也不相同，常用这一反应来鉴别酚类。反应式如下：

$$6\text{C}_6\text{H}_5\text{OH} + \text{FeCl}_3 \longrightarrow [\text{Fe}(\text{OC}_6\text{H}_5)_6]^{3-} + 6\text{H}^+ + 3\text{Cl}^-$$

3. 醚的性质与鉴定

醚的分子中没有活泼官能团，性质比较稳定，但能溶于浓的强无机酸生成锌盐。生成的锌盐加水缓慢稀释，又分解为原来的醚和酸。利用这一性质，可将混杂于卤代烷中的少量醚分离除去。

$$\text{R—O—R} + \text{H}_2\text{SO}_4(\text{浓}) \longrightarrow \left[\text{R}\overset{\text{H}}{\underset{}{—\text{O}—}}\text{R}\right]^+ \text{HSO}_4^-$$

$$\left[\text{R}\overset{\text{H}}{\underset{}{—\text{O}—}}\text{R}\right]^+ \text{HSO}_4^- \xrightarrow{\text{H}_2\text{O}} \text{R—O—R} + \text{H}_2\text{SO}_4$$

乙醚是最常用的一种醚，在空气中长期放置时，可被空气逐渐氧化形成过氧化物。过氧化物受热容易发生爆炸。为防止意外事故的发生，使用乙醚前应检查过氧化物的存在。

二、训练目标

1. 知识目标

了解醇、酚、醚的性质及鉴定方法。

2. 技能目标

通过实验掌握醇、酚、醚的性质，并会鉴定醇、酚、醚。

3. 态度目标

操作细致、认真，实事求是地记录实验现象。

三、仪器与药品

1. 仪器

试管、量筒、烧杯、电热套、药匙。

2.药品

10%硫酸铜、10%氢氧化钠、5%重铬酸钾、10%碳酸氢钠、酚酞、3mol/L硫酸、1%氯化铁、10%碳酸钠、2%硫酸亚铁铵、1%硫氰化钾、对苯二酚、饱和溴水、无水乙醇、卢卡斯试剂、正丁醇、仲丁醇、叔丁醇、苯甲醇、乙二醇、丙三醇、金属钠、苦味酸、苯酚、工业乙醚。

四、训练方法

1.醇的性质与鉴定

（1）与金属钠作用　在2支干燥已编号的试管中分别加入无水乙醇、正丁醇各1mL，再各加入1粒红豆大小的金属钠（老师先将金属钠分成小块，然后学生再取），观察两支试管中反应速率的差异。

待试管中钠粒完全消失后，醇钠析出使溶液变黏稠，向试管中加入5mL水并滴入2滴酚酞指示剂。观察溶液的颜色变化，记录上述实验现象并解释原因。

（2）与氧化剂作用　在3支已编号的试管中分别加入5%重铬酸钾溶液和3mol/L硫酸溶液各1mL，振荡混匀后，分别加入5滴正丁醇、仲丁醇、叔丁醇，振摇后用小火加热。观察现象，并记录解释原因。

（3）与卢卡斯试剂作用　在4支已编号的试管中，分别加入0.5mL正丁醇、仲丁醇、叔丁醇和苯甲醇，再各加入1mL卢卡斯试剂，用力振摇片刻后静置。观察试管中的变化，记录首先出现混浊的时间。将不出现浑浊的试管放入50℃的水浴中温热几分钟，取出观察，记录实验现象并解释原因。

（4）与氢氧化铜作用　在3支已编号的试管中，各加入1mL 10%硫酸铜溶液和1mL 10%氢氧化钠溶液，混匀，立即出现蓝色氢氧化铜沉淀。边振荡边向3支试管中分别加入5滴乙醇、乙二醇、丙三醇。观察现象变化，记录并解释原因。

2.酚的性质与鉴定

（1）弱酸性　在试管中加入约0.3g（1小药匙的量）苯酚和1mL水，振摇并观察其溶解性。将试管在水浴中加热几分钟，取出观察其中的变化。将溶液冷却，有什么现象发生？向其中滴加10%氢氧化钠溶液并振摇，发生了什么变化？

在2支试管中，各加入约0.3g苯酚，再分别加入1mL 10%碳酸钠溶液、

1mL 10%碳酸氢钠溶液,振摇并温热后,观察并对比两试管中的现象。

另取 1 支试管,加入少量(1 小药匙的量)的苦味酸,再加入 1mL 10%碳酸氢钠溶液,振摇并观察现象

(2)与溴水作用 在试管中加入约 0.3g 苯酚和 2mL 水,振摇使其溶解成为透明溶液,向其中滴加饱和溴水。观察现象,记录并解释原因。

(3)与氯化铁作用 在 2 支试管中分别加入少量苯酚、对苯二酚晶体,各加入 2mL 水振摇使其溶解。分别向 2 支试管中滴加新配制的 1%氯化铁溶液。观察溶液颜色变化,记录现象并解释原因。

3.醚的性质与鉴定

在试管中加入 1mL 新配制的 2%硫酸亚铁铵溶液和几滴 1%硫氰化钾溶液,再加入 1mL 工业乙醚,用力振摇后,观察溶液颜色有无变化,记录并解释原因。

五、注意事项

(1)试管必须编号。

(2)试管中未反应完全的钠不能直接弃入水槽,否则容易爆炸,可用镊子夹出,用乙醇溶解。

(3)适宜用卢卡斯试剂鉴别的醇必须在该试剂中能溶解,通常只用于鉴别 $C_3 \sim C_6$ 的醇。因为 $C_1 \sim C_2$ 醇反应后生成的卤代烃是气体,而对于 6 个碳以上的醇不溶于卢卡斯试剂,故不适用。

(4)苯酚毒性较强,小心不要粘到手上。若不慎弄到皮肤上,应用水冲洗,再用酒精擦洗,直至灼烧部位白色消失,然后涂上甘油。

(5)卢卡斯试剂必须要新配制,否则不起作用。

(6)大多数酚类和烯醇类都能与氯化铁反应生成有色配合物。

六、思考与讨论

1.用 95%的乙醇代替无水乙醇与金属钠反应可以吗?为什么?

2.在卢卡斯实验中,试管中有水可以吗?为什么?

3.设计一个试验方案,鉴别正丙醇、异丙醇和丙三醇。

4.制备 1-溴丁烷过程中混有少量丁醚,如何用一简便方法将其除去?

5.如何分离苯酚与苯甲醇的混合物,试设计一个合适的试验方案。

> **小品文**

酚类的杀菌作用和各种药皂

酚（phenol），通式为 ArOH，是芳香烃环上的氢被羟基（—OH）取代的一类芳香族化合物。最简单的酚为苯酚。酚类化合物是指芳香烃中苯环上的氢原子被羟基取代所生成的化合物，根据其分子所含的羟基数目可分为一元酚和多元酚。

多数酚在室温下是固体，有些是液体。大多数酚有难闻的气味，但有些也有香味。许多酚类化合物有杀菌能力，杀菌能力随羟基的数目增加而增加。

药皂是在肥皂或香皂的原料中加入一定量的杀菌剂（如酚类化合物）或药物制成的，所以有着不错的清洁去污和杀菌止痒作用。

目前市场上常见的药皂分为 4 类。

（1）酚类药皂　常呈红色，并有特殊的刺激气味，比如"上海药皂"。可用于洗手、消毒，成人夏天用其洗澡可消除汗臭味。有些年轻人脸上容易长粉刺，也可选用苯酚药皂。但它对皮肤的刺激性较强，皮肤敏感以及有小伤口的人不宜使用。

（2）硼酸类药皂　硼酸消毒能力相对较弱，仅能抑制部分细菌的繁殖，对病毒、寄生虫没有作用，适用于普通的皮肤消毒。演员卸妆时可用硼酸皂帮助除去油彩、铅粉。老年人由于皮脂分泌少，也可以用全硼酸皂。

（3）硫黄类药皂　由于皂基中加入了硫黄，在洗浴时可产生硫化氢和五氯磺酸，有助于杀灭螨虫、疥虫等寄生虫及部分真菌。

（4）中草药类药皂　皂基中加入了中草药浸取液。由于加入的草药不同，因而产生的治疗作用也不相同。例如，添加了蜂胶的药皂对脱发、痤疮、粉刺、痱子、轻度伤口愈合都有辅助治疗作用。

任务十　醛、酮的鉴定

一、任务介绍

1. 羰基加成反应

醛和酮都是分子中含有羰基官能团的化合物，它们有很多相似的化学性质。例如，醛和脂肪族甲基酮的羰基都容易发生加成反应。醛和甲基酮与饱和亚硫酸氢钠溶液的加成产物 α-羟基磺酸钠为冰状结晶。反应式如下：

$$\underset{(CH_3)H}{\overset{R}{>}}C=O + NaHSO_3 \rightleftharpoons \underset{(CH_3)H}{\overset{R}{>}}C\underset{SO_3Na}{\overset{OH}{<}} \downarrow$$

α-羟基磺酸钠与稀酸或稀碱共热时又分解为原来的醛酮，利用这一性质，可鉴别、分离和提纯醛或脂肪族甲基酮。

2. 缩合反应

醛和酮都能与氨的衍生物发生缩合反应。例如，与2,4-二硝基苯肼缩生成具有固定熔点的黄色或橙红色沉淀。反应式如下：

$$\underset{(R')H}{\overset{R}{>}}C=O + H_2NNH\text{—}\underset{NO_2}{\overset{NO_2}{\bigcirc}} \longrightarrow \underset{(R')H}{\overset{R}{>}}C=NNH\text{—}\underset{NO_2}{\overset{NO_2}{\bigcirc}} \downarrow + H_2O$$

2,4-二硝基苯腙在稀酸作用下可水解成原来的醛或酮。因此，可利用这一反应来鉴定、分离和提纯醛或酮。

3. 碘仿反应

具有 $CH_3\overset{O}{\overset{\|}{C}}\text{—}$ 结构的醛、酮和能够被氧化成这种结构的醇类（如 $\underset{OH}{\overset{CH_3CHR}{|}}$），可与次碘酸钠发生碘仿反应，生成淡黄色碘仿。反应式如下：

$$CH_3\text{—}\overset{O}{\overset{\|}{C}}\text{—}R(H) \xrightarrow{NaOI} CHI_3 \downarrow + (H)RCOONa$$

$$CH_3CH_2OH \xrightarrow{NaOI} CH_3CHO \xrightarrow{NaOI} CHI_3 \downarrow + HCOONa$$

利用碘仿反应可鉴别甲基醛、酮和能够氧化成甲基醛、酮的醇类。

4. 氧化反应

醛基上的氢原子非常活泼，容易发生氧化反应，较弱的氧化剂（如托伦试剂、斐林试剂）也能将醛氧化成羧酸。

与托伦试剂作用的反应式如下：

$$RCHO + 2Ag(NH_3)_2OH \xrightarrow{\triangle} RCOONH_4 + 2Ag \downarrow + 3NH_3 + H_2O$$

析出的银吸附在洁净的玻璃器皿上，形成光亮的银镜。因此，这一反应又称银镜反应。酮不能被托伦试剂氧化，可利用这一反应区别醛和酮。

与斐林试剂作用的反应式如下：

$$RCHO + 2Cu(OH)_2 + NaOH \xrightarrow{\triangle} RCOONa + Cu_2O\downarrow + 3H_2O$$

酮和芳醛不能被斐林试剂氧化，可用该反应区别脂肪醛和芳醛及酮。另外，甲醛与斐林试剂作用生成单质铜，析出的铜吸附在洁净的玻璃器皿上，形成光亮的铜镜。因此，这一反应又称铜镜反应。反应式如下：

$$HCHO + Cu(OH)_2 + NaOH \xrightarrow{\triangle} HCOONa + Cu\downarrow + 2H_2O$$

此外，醛还能与希夫试剂作用呈紫红色，甲醛与希夫试剂作用生成的紫红色比较稳定，加硫酸也不褪色，利用这一特点可区别甲醛和其他醛。

二、训练目标

1. 知识目标

了解醛和酮的性质及鉴定方法。

2. 技能目标

通过实验掌握醛和酮的性质，并会鉴定醛和酮。

3. 态度目标

操作细致、认真，实事求是地记录实验现象。

三、仪器与药品

1. 仪器

试管、烧杯、电热套。

2. 药品

氢氧化钠（10%）、碳酸钠（10%）、硝酸银（2%）、6mol/L硝酸、盐酸（6mol/L）、甲醛（37%）、乙醛（40%）、正丁醛、苯甲醛、斐林试剂A、斐林试剂B、丙酮、氨水（1∶1）、甲醇、苯乙酮、异丙酮、2,4-二硝基苯肼、碘-碘化钾溶液、饱和亚硫酸氢钠（新配制）、乙醇（95%）、异丙醇。

四、训练方法

1. 羰基加成反应

在4支干燥已编号的试管中，各加入新配制的饱和亚硫酸氢钠溶液1mL，然后分别加入0.5mL 37%甲醛溶液、正丁醛、苯甲醛、丙酮。振摇后放入冰-水浴中冷却几分钟，取出观察有无结晶析出。

取出析出结晶的试管，倾去上层清液，向其中任意2支试管中加入2mL 10%碳酸钠溶液，向其余2支试管中加入2mL稀盐酸溶液。振摇并稍稍加热，观察结晶是否溶解？有什么气味产生？记录现象并解释原因。

2. 缩合反应

在 5 支已编号的试管中，各加入 1mL 新配制的 2,4-二硝基苯肼试剂，再分别加入 5 滴 37%甲醛溶液、40%乙醛溶液、苯甲醛、丙酮、苯乙酮。振摇静置，观察并记录现象，描述沉淀颜色的差异。

3. 碘仿反应

在 6 支已编号的试管中，各加入 5 滴 37%甲醛溶液、40%乙醛溶液、正丁醛、丙酮、95%乙醇、异丙醇，再各加入 1mL 碘-碘化钾溶液，边振摇分别滴加 10%氢氧化钠溶液至碘的颜色刚好消失，反应液呈黄色为止。观察有无沉淀析出，将没有沉淀析出的试管置于 60℃ 水浴中温热几分钟后取出，冷却，观察现象，记录并解释原因。

4. 氧化反应

（1）与托伦试剂反应　在 3 支洁净已编号的试管中各加入 1mL 2%的硝酸银溶液，边振摇边向其中滴加 1∶1 氨水。开始时出现棕色沉淀，继续滴加氨水，直至沉淀恰好溶解为止。再分别加入 2～5 滴 37%甲醛溶液、苯甲醛、苯乙酮。用力振摇 3 支试管，会发现其中的 1 支试管内会马上生成银镜，记录现象并解释原因。另外 2 支试管不会生成银镜，请将这 2 支试管同时放入 70℃ 左右水浴中，温热几分钟后取出，观察有无银镜生成，记录现象并解释原因。

（2）与斐林试剂反应　在 4 支已编号的试管中各加入 0.5mL 斐林试剂 A 和 0.5mL 斐林试剂 B，混匀后分别加入 5 滴 37%甲醛溶液、40%乙醛溶液、苯甲醛、丙酮，充分振摇后，置于沸水浴中加热几分钟（注意水必须要沸腾），取出观察现象差别，记录并解释原因。

五、注意事项

（1）试管必须编号。

（2）银镜反应中，加入的氨水不能过量，否则效果不明显，其中甲醛的银镜反应效果最好。

（3）银镜反应中，试管必须洗干净，否则观察不到光亮的银镜。

（4）为了节约时间，可以在实验开始时用电热套加热一小烧杯水，用作实验过程的水浴加热和沸水加热。

（5）托伦试剂久置会析出黑色 Ag_2O 沉淀，它在振动时容易分解而发生爆炸，有时甚至潮湿的 Ag_2O 也能引起爆炸，故需现配现用。

（6）因斐林试剂中配合物的不稳定性，斐林试剂也需要临时配制。

六、思考与讨论

1. 醛和酮的性质在哪些异同之处？为什么？可用哪些简便方法鉴别它们？
2. 与饱和亚硫酸氢钠的加成反应可以用来提纯甲醛和乙醛吗？为什么？
3. 哪些醛酮可以发生碘仿反应？乙醇和异丙醇为什么时候也能发生碘仿反应？
4. 进行碘仿反应时，为什么要控制碱的加入量？
5. 醛与托伦试剂的反应为什么要在碱性溶液中进行？在酸性溶液中可以吗？为什么？
6. 银镜反应为什么要使用洁净的试管？
7. 正丁醇中混有少量正定醛，试设计一实验方案将其分离除去。
8. 用适当的方法鉴别下列各组化合物。
（1）丙醛、丙醇、丙酮、异丙醇、正丙醚
（2）乙醛、苯甲醛、苯乙酮和对甲苯酚

任务十一　羧酸及其衍生物的鉴定

一、任务介绍

1. 羧酸的性质

（1）酸性　羧酸，官能团是羧基 $-\overset{\overset{\text{O}}{\|}}{\text{C}}-\text{OH}$ 。其典型的化学性质是具有酸性，可与氢氧化钠和碳酸钠作用生成水溶性的羧酸盐。所以羧酸既能溶于氢氧化钠，也能溶于碳酸钠溶液。可以此作为鉴定羧酸的重要依据。某些酚类，特别是芳环上有强吸电子基的酚类具有与羧酸类似的酸性，可通过与氯化铁的显色反应来加以鉴别。

（2）还原性　甲酸分子中的羧基与一个氢原子相连，草酸分子中是两个羧基直接相连，由于结构特殊，它们都具有较强的还原性。甲酸可被托伦试剂氧化，发生银镜反应；草酸能被高锰酸钾定量氧化，常用作高锰酸钾的定量分析。

2. 羧酸衍生物的性质

羧酸分子中的羟基可被卤原子、酰氧基、烃氧基和氨基取代生成酰卤、酸酐、酯和酰胺等羧酸衍生物。这些羧酸衍生物具有相似的化学性质，在一定的

条件下，都能发生水解、醇解和氨解反应，其活性顺序为：酰卤＞酸酐＞酯＞酰胺

二、训练目标

1. 知识目标

了解羧酸及其衍生物的性质及鉴定方法。

2. 技能目标

通过实验掌握羧酸及其衍生物的性质，并会鉴定羧酸及其衍生物。

3. 态度目标

操作细致、认真，实事求是地记录实验现象。

三、仪器与药品

1. 仪器

试管、烧杯、电热套、托盘天平、量筒。

2. 药品

20％氢氧化钠、0.5％高锰酸钾、6mol/L盐酸、3mol/L硫酸、10％碳酸钠、5％硝酸银、饱和碳酸钠、粉状氯化钠、刚果红试纸、无水乙醇、乙酸乙酯、乙酰胺、乙酰氯、乙酸酐、苯甲酸、冰醋酸、浓硫酸、甲酸、乙酸、草酸、(1∶1)氨水。

四、训练方法

1. 羧酸的性质与鉴定

(1) 酸性　在3支已编号的试管中，分别加入5滴甲酸、乙酸、0.2g（1小药匙）草酸，加入1mL蒸馏水，振摇。用干净的玻璃棒分别蘸少量的酸液，在同一条刚果红试纸上划线。比较各条线颜色深浅并说明三种酸的酸性强弱。

在3支试管中各加入2mL 10％碳酸钠溶液，再分别加入5滴甲酸、乙酸、0.2g草酸，振摇试管。观察有无气泡产生，记录实验现象并解释原因。

试管中加入0.2g苯甲酸和1mL蒸馏水，振摇并观察溶解情况，向试管中滴加20％氢氧化钠溶液，振摇，再次观察现象。接着再滴加6mol/L盐酸溶液于该试管中，振荡并观察记录现象、解释原因。

(2) 酯化反应　在试管中加入无水乙醇和冰醋酸各1mL，再加入3滴浓硫酸，小火加热几分钟。观察液面有无分层现象并闻气味，记录现象并写出相关反应式。

(3) 甲酸和草酸的还原性　在 2 支试管中分别加入 0.5mL 甲酸和 0.2g 草酸，再各加入 2～4 滴 0.5％高锰酸钾溶液和 0.5mL 3mol/L 硫酸溶液。振摇后加热至沸，观察现象，记录并解释原因。

在 1 支洁净的试管中加入 5 滴 5％硝酸银溶液，边振摇边向其中滴加 1：1 氨水。开始时出现棕色沉淀，继续滴加氨水，直至沉淀恰好溶解为止。再加入 5 滴甲酸，振摇后将试管放入 90℃水浴中加热几分钟后取出。观察有无银镜产生，记录实验现象并解释原因。

2. 羧酸衍生物的性质与鉴定

(1) 水解反应

① 酰氯的水解　在试管中加入 1mL 蒸馏水，沿管壁缓慢加入 3 滴乙酰氯，轻轻振摇试管。观察反应剧烈程度并用手触摸试管底部，描述反应现象并说明反应是否放热。

待试管稍冷后，向其中加入 2 滴 5％硝酸银。观察有何变化，记录实验现象并写出有关化学反应式。

② 酸酐的水解　在试管中加入 1mL 蒸馏水和 3 滴乙酸酐，振摇并观察其溶解性，稍微加热试管，观察现象变化并嗅其气味。写出有关化学反应式。

③ 酯的水解　在 3 支试管中各加入 1mL 乙酸乙酯和 1mL 蒸馏水，再向其中一支试管中加入 0.5mL 3mol/L 硫酸溶液，向另一支试管中加入 0.5mL 20％氢氧化钠溶液，将 3 支试管同时放入 70～80℃水浴中加热。边振摇边观察并比较各试管中酯层消失的速率，说明原因。写出有关化学反应式。

④ 酰胺的水解　在试管中加入 0.2g 乙酰胺和 2mL 20％氢氧化钠溶液，振摇后加热至沸，嗅其气味，记录并写出有关的化学反应式。

在试管中加入 0.2g 乙酰胺和 2mL 3mol/L 硫酸溶液，振摇后加热至沸，是否嗅到乙酸的气味？冷却后加入 20％氢氧化钠溶液至碱性，嗅其气味，记录实验现象并解释原因。

(2) 醇解反应

① 酰氯的醇解　在干燥的试管中加入 1mL 无水乙醇，将试管置于冷水浴中，边振摇边沿试管壁缓慢加 1mL 乙酰氯，观察反应剧烈程度。待试管冷却后，再加入 3mL 饱和碳酸钠溶液中和。当溶液出现明显的分层后（若无分层现在，在溶液中加入粉状的氯化钠至使溶液饱和），嗅其气味。写出有关化学反应式。

② 酸酐的醇解　在干燥的试管中加入 1mL 无水乙醇和 1mL 乙酸酐，混匀后再加入 3 滴浓硫酸，小心加热至微沸，冷却后，向其中缓慢滴加 3mL 饱

和碳酸钠溶液至分层清晰，嗅其气味。写出有关化学反应式。

五、注意事项

（1）试管必须编号。
（2）乙酰氯的水解反应非常剧烈，必须在通风橱中进行，且添加试剂时必须缓慢添加。
（3）银镜反应中，试管必须洗干净，否则看不到现象。
（4）为了节约时间，可以在实验开始时用电热套加热一小烧杯水，用作实验过程的水浴加热和沸水加热。

六、思考与讨论

1. 甲酸能发生银镜反应，其他羧酸有此性质吗？为什么？
2. 酯化反应时，为什么加入饱和碳酸钠后，溶液才出现分层？乙酸乙酯在哪一层？
3. 在碱性介质中，酯的水解速率较快，为什么？
4. 根据实验中观察到的现象，比较并排列羧酸衍生物的反应活性顺序。
5. 醇解反应，为什么要用干燥的试管？若试管不干燥，会有什么影响？

任务十二　含氮有机物的鉴定

一、任务介绍

1. 胺的碱性

胺是一类具有碱性的有机化合物。六个碳以下的胺能与水混溶，其水溶液可使 pH 试纸呈碱性反应，这是检验胺类的简便方法之一，也是鉴定胺类的重要依据。

胺能与无机酸反应生成水溶性的盐，所以不溶于水的胺可溶于强酸溶液中。胺是弱碱，在其盐溶液中加入强碱时，胺又游离出来，利用这一性质，可将胺从混合物中分离出来。反应式如下：

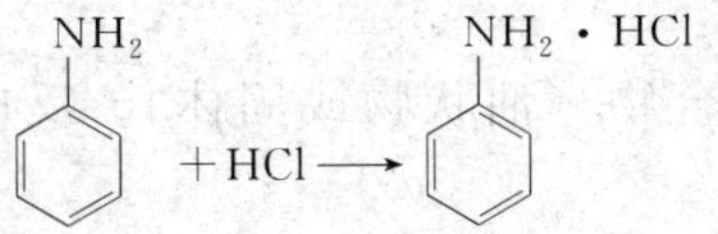

C₆H₅NH₂ + HCl ⟶ C₆H₅NH₂·HCl

$$\text{C}_6\text{H}_5\text{NH}_2\cdot\text{HCl} + \text{NaOH} \longrightarrow \text{C}_6\text{H}_5\text{NH}_2 + \text{NaCl} + \text{H}_2\text{O}$$

2. 酰化反应

胺能与酰氯或酸酐反应生成酰胺。伯胺与苯磺酰氯作用生成的磺酸胺，因氮原子上有酸性氢原子，所以能溶解在氢氧化钠溶液中。反应式如下：

$$\text{RNH}_2 + \text{C}_6\text{H}_5\text{SO}_2\text{Cl} \longrightarrow \text{C}_6\text{H}_5\text{SO}_2\text{NHR} + \text{HCl}$$

$$\text{C}_6\text{H}_5\text{SO}_2\text{NHR} + \text{NaOH} \longrightarrow \text{C}_6\text{H}_5\text{SO}_2\text{N}^-\text{R}\,\text{Na}^+ + \text{H}_2\text{O}$$

仲胺与苯磺酰氯作用生成的磺酰胺不溶于氢氧化钠溶液，呈沉淀析出。反应式如下：

$$\text{R}_2\text{NH} + \text{C}_6\text{H}_5\text{SO}_2\text{Cl} \longrightarrow \text{C}_6\text{H}_5\text{SO}_2\text{NR}_2 \xrightarrow{\text{NaOH}} \text{不溶}$$

叔胺分子中因氮原子上没有氢原子，不能发生酰化反应。利用这一性质，可鉴别伯、仲、叔三级胺。

3. 与亚硝酸的反应

胺类可与亚硝酸发生反应，不同结构的胺反应现象也不相同。脂肪族伯胺与亚硝酸作用生成相应的醇，同时放出氮气。反应式如下：

$$\text{RNH}_2 + \text{HNO}_2 \longrightarrow \text{ROH} + \text{N}_2\uparrow + \text{H}_2\text{O}$$

芳香族伯胺与亚硝酸在低温下作用生成重氮盐，重氮盐与 β-萘酚发生偶联反应生成橙红色的染料。反应式如下：

$$\text{C}_6\text{H}_5\text{NH}_2 + \text{HNO}_2 \xrightarrow{\text{HCl}} \text{C}_6\text{H}_5\text{N}^+\equiv\text{NCl}^- + 2\text{H}_2\text{O}$$

$$\text{C}_6\text{H}_5\text{N}^+\equiv\text{NCl}^- + \beta\text{-C}_{10}\text{H}_7\text{OH} \longrightarrow \text{C}_6\text{H}_5\text{N}=\text{N-C}_{10}\text{H}_6\text{-OH}$$

仲胺与亚硝酸作用生成黄色的亚硝基化合物（油状物或固体）。反应式如下：

$$\underset{}{\text{C}_6\text{H}_5\text{N}(\text{CH}_3)\text{H}} + \text{HNO}_2 \longrightarrow \underset{}{\text{C}_6\text{H}_5\text{N}(\text{CH}_3)\text{NO}} + \text{H}_2\text{O}$$

芳香族叔胺与亚硝酸作用发生环上取代反应，生成绿色沉淀。反应式如下：

$$\underset{}{\text{C}_6\text{H}_5\text{N}(\text{CH}_3)_2} + \text{HNO}_2 \longrightarrow \underset{}{p\text{-ON-C}_6\text{H}_4\text{-N}(\text{CH}_3)_2} + \text{H}_2\text{O}$$

脂肪族叔胺与亚硝酸发生酸碱中和反应，生成可溶性的盐，没有明显的现象变化。

胺类与亚硝酸的反应不仅可用作伯、仲、叔胺的鉴别，还可用于区别脂肪族和芳香族伯胺、脂肪族和芳香族叔胺。

4. 苯胺的特殊反应

苯胺是重要的芳胺，由于氨基对苯环的影响，具有一些特殊的化学性质。例如，容易与溴水作用生成 2,4,6-三溴苯胺白色沉淀。反应式如下：

$$\underset{}{\text{C}_6\text{H}_5\text{NH}_2} + 3\text{Br}_2 \xrightarrow{\text{H}_2\text{O}} \underset{}{2,4,6\text{-Br}_3\text{C}_6\text{H}_2\text{NH}_2} \downarrow + 3\text{HBr}$$

此反应灵敏度高，现象明显，可用来鉴定苯胺。苯酚也能发生同样反应，可通过检验酸碱性或用氯化铁溶液加以区别。

苯胺非常容易被氧化，在空气中可被氧化成红棕色。

苯胺与漂白粉作用显紫色，与重铬酸钾的硫酸溶液作用生成黑色的苯胺黑。这些反应都可用来鉴定苯胺。

5. 尿素的性质

尿素是碳酸的二酰胺（$\text{H}_2\text{N-CO-NH}_2$），具有弱碱性，可与浓硝酸作用，生成硝酸脲，也可与草酸作用生成草酸脲。反应式如下：

$$\text{H}_2\text{N-CO-NH}_2 + \text{HNO}_3 \longrightarrow [\text{H}_2\text{N-CO-NH}_2] \cdot \text{HNO}_3$$

$$\text{H}_2\text{N-CO-NH}_2 + \text{HOOC-COOH} \longrightarrow [\text{H}_2\text{N-CO-NH}_2] \cdot \text{H}_2\text{C}_2\text{O}_4$$

模块二 基础实验

硝酸脲和草酸脲都是难溶于水的脲盐，利用这一性质，可将尿素从混合物中分离出来。尿素也能与亚硝酸作用，放出氮气，反应可定量完成。因此，常用作尿素含量的测定。反应式如下：

$$H_2N-\underset{\underset{O}{\|}}{C}-NH_2 + 2HNO_2 \longrightarrow \left[HO-\underset{\underset{O}{\|}}{C}-OH\right] + 2N_2\uparrow + H_2O$$
$$\downarrow$$
$$CO_2\uparrow + H_2O$$

此外，尿素在受热时可发生缩合反应，生成二缩脲。反应式如下：

$$2H_2N-\underset{\underset{O}{\|}}{C}-NH_2 \xrightarrow{\triangle} H_2N-\underset{\underset{O}{\|}}{C}-NH-\underset{\underset{O}{\|}}{C}-NH_2 + 2NH_3\uparrow$$

二缩脲与稀硫酸铜溶液在碱性介质中发生显色反应，产生紫红色，可用于尿素的鉴定。

二、训练目标

1. 知识目标

了解胺类化合物的化学性质及鉴定方法。

2. 技能目标

通过实验掌握伯、仲、叔胺及尿素的性质与鉴定方法。

3. 态度目标

操作细致、认真，实事求是地记录实验现象。

三、仪器与药品

1. 仪器

酒精灯、三角架、石棉网、玻璃棒、烧杯、试管、量筒、橡胶塞。

2. 药品

25%亚硝酸钠、饱和尿素、10%氢氧化钠、红色石蕊试纸、3mol/L 硫酸、饱和草酸、6mol/L 盐酸、漂白粉、2%硫酸铜、饱和重铬酸钾、苯磺酰氯、饱和溴水、正丁胺、二乙胺、尿素、苯胺、浓硝酸、N-甲基苯胺、N,N-二甲基苯胺、β-萘酚、淀粉-碘化钾试纸、pH 试纸、三乙胺、浓盐酸。

四、训练方法

1. 胺的碱性

（1）在 3 支试管中各加入 1mL 蒸馏水，再分别加入 2 滴正丁胺、二乙胺、三乙胺。振摇后,用 pH 试纸检验其酸碱性。

(2) 在试管中加入 2 滴苯胺和 1mL 蒸馏水,振摇,观察其是否溶解。向试管中滴加 6mol/L 盐酸溶液,边滴加边振摇,观察现象。再向其中滴加 10％氢氧化钠溶液,直至溶液呈碱性,再观察现象并解释原因。

2. 酰化反应

在 3 支已编号的试管中分别加入 0.5mL 苯胺、N-甲基苯胺、N,N-二甲基苯胺,再各加入 3mL 10％氢氧化钠溶液和 0.5mL 苯磺酰氯,配上橡胶塞,用力振摇 3~5min。取下橡胶塞,在水浴中温热并继续振摇 2min。冷却后用 pH 试纸检验溶液,若不呈碱性,可再加入几滴 10％氢氧化钠溶液。

(1) 在有沉淀析出的试管中加入 1mL 水稀释。振摇后沉淀不溶解,表明为仲胺。

(2) 在无沉淀析出(或经稀释后沉淀溶解)的试管中,缓慢滴加 6mol/L 盐酸溶液至呈酸性,此时若有沉淀析出,表明为伯胺。

(3) 试验过程中无明显现象者为叔胺。

3. 与亚硝酸的反应

在 5 支已编号的试管中各加入 1mL 浓盐酸和 2mL 水,再分别加入 0.5mL 正丁胺、三乙胺、苯胺、N-甲基苯胺、N,N-二甲基苯胺。将试管放入冰水浴中冷却至 0~5℃,在振摇下缓慢滴加 25％亚硝酸钠溶液,直至混合溶液使淀粉-碘化钾试纸变蓝为止。观察并记录实验现象。

(1) 若试管中冒出大量气泡,表明为脂肪族伯胺。

(2) 若溶液中有黄色固体(或油状物)析出,滴加碱液不变化的为仲胺。

(3) 溶液中有黄色固体析出,滴加碱液时固体转为绿色的为芳香族叔胺。

(4) 向其余 2 支试管中滴加 β-萘酚溶液,有橙红色物质生成的为芳香族伯胺;另一支试管中则为脂肪族叔胺。

4. 苯胺与溴水反应

在试管中加入 4mL 水和 1 滴苯胺,振摇后滴加饱和溴水。记录现象并写出相关的化学反应式。

5. 苯胺的氧化

在 2 支试管中各加入 2mL 水和 1 滴苯胺,向其中 1 支试管中加入 3 滴新配制的漂白粉溶液,观察试管中溶液颜色的变化。

向另一支试管中加入 3 滴饱和重铬酸钾溶液和 6 滴 3mol/L 硫酸溶液,振摇后观察溶液颜色的变化。记录上述实验现象并说明发生了什么反应。

6. 尿素的弱碱性

(1) 与硝酸反应 在试管中加入 1mL 浓硝酸，沿试管壁小心滴入 1mL 饱和尿素溶液。观察现象，再振摇试管，发生了什么变化？

(2) 与草酸反应 在试管中加入 1mL 饱和草酸溶液和 1mL 饱和尿素溶液，振摇后观察现象。记录上述实验现象并说明尿素的性质。

7. 尿素的缩合反应

在干燥试管中加入 0.3g 尿素，先用小火加热，观察现象。继续加热并用润湿的红色石蕊试纸在试管口检验，发生了什么现象？有什么物质生成？熔融物逐渐变稠，最后凝结成白色固体。待试管稍冷却后加入 2mL 热水，用玻璃棒搅拌后将上层液体转移到另一支试管中，向其中加入 3 滴 10% 氢氧化钠溶液和 1 滴 2% 硫酸铜溶液，观察溶液颜色的变化。记录实验现象。

五、注意事项

(1) 苯甲酰氯易挥发并有刺激性气味，使用时操作应迅速，并避免吸入其蒸气。

(2) 苯胺有毒，可透过皮肤吸收引起人体中毒，注意不可直接与皮肤接触。

(3) 芳伯胺与亚硝酸生成重氮盐的反应以及重氮盐与 β-萘酚的偶联反应均需在低温下进行，试验过程中试管始终不能离开冰水浴。

六、思考与讨论

1. 如何鉴别苯胺和环己胺？
2. 如何鉴别 N,N-二甲基苯胺和二甲基环己胺？
3. 可用什么简便方法鉴别苯胺与苯酚？
4. 如何说明尿素具有弱碱性？
5. 对甲苯酚中混有苯胺，如何将其分离并回收？
6. 三乙胺中混有少量 N-甲基苯胺，如何将其分离除去？

模块三 综合实训

有机化学综合实训是在学生学完有机化学的基本知识和基础实验的内容后，已经初步掌握基本知识和基本技能的前提下，集中进行的实验操作训练，从而进一步提高学生实验的基本知识和基本技能的运用，进一步提高学生综合能力。

有机化合物的制备是指利用化学方法进行官能团的转换或将简单的有机物合成比较复杂的有机物的过程，也可以将复杂的有机物分解成比较简单的有机物的过程。综合实训模块主要安排的是有机化合物的制备，包括乙酸正丁酯的制备、1-溴丁烷的制备、阿司匹林的制备、正丁醚的制备、环己酮的制备、苯甲酸的制备、乙酰苯胺的制备、肥皂的制备和甲基橙的制备。

任务一　乙酸正丁酯的制备

一、任务介绍

酯是一类广泛分布于自然界的化合物，较简单的酯多数具有令人愉快的气味。一般情况下，花和水果的特殊香味大多是由带有酯基的物质引起的。因此，酯类化合物常被食品或饮料制造者用作添加剂以增加点心或饮料的香味。

纯乙酸正丁酯是无色具有酯香气味的液体，沸点为126.1℃，$d_4^{20}=0.882$，$n_D^{20}=1.3951$。是优良的有机溶剂，广泛用于硝化纤维清漆中，在人造革、织物及塑料加工过程中用作溶剂，也用于香料工业是GB 2760—1996规定所允许使用的食用香料。作为香料，大量用于配制香蕉、梨、菠萝、杏、桃及草莓、浆果等型香精实验采用冰醋酸和正丁醇在浓硫酸催化下制取备乙酸正丁酯。反应式如下：

$$CH_3COOH + CH_3CH_2CH_2CH_2OH \xrightleftharpoons[]{H^+, \triangle} CH_3COOCH_2CH_2CH_2CH_3 + H_2O$$

酯化反应是可逆的，本实验中除了让反应物之一冰醋酸过量外，还采用了带有分水器的回流装置，使反应中生成的水被及时分出，以破坏平衡，使反应向正反应方向进行。浓硫酸在这里主要起催化作用，同时还具有脱水作用。

冰醋酸的相对密度为1.04，正丁醇的相对密度为0.81，乙酸正丁酯的相对密度为0.88，水的相对密度为1.00。

反应混合物中的硫酸、过量的乙酸及未反应完全的正丁醇，可用水进行洗涤；残余的酸碳酸氢钠可用中和的方法除去；副产物醚类在最后的蒸馏中予以分离。

二、训练目标

1.知识目标

熟悉酯化反应原理，掌握乙酸正丁酯的制备方法。

2.技能目标

（1）学会带有分水器回流装置的安装与使用，并会制备乙酸正丁酯。

（2）熟练使用分液漏斗。

（3）学会使用干燥剂。

（4）学会利用萃取和蒸馏精制液体有机物的操作技术。

3.态度目标

严肃、细致、认真，实事求是地操作和记录实验数据。

三、仪器与药品

1.仪器

铁架台、温度计、电热套、锥形瓶、直形冷凝管、接液管、球形冷凝管、圆底烧瓶、蒸馏烧瓶、分水器、分液漏斗、普通漏斗、烧杯、量筒、托盘天平。

2.药品

10%碳酸氢钠、饱和氯化钠、浓硫酸、正丁醇、冰醋酸、无水硫酸镁、沸石。

四、训练方法

1. 酯化反应

在干燥的 100mL 圆底烧瓶中加入 15mL 正丁醇、15mL 冰醋酸，振摇下缓慢加入 3～4 滴浓硫酸（浓硫酸绝对不能加多！），再加入 5 粒沸石。安装带有分水器的回流装置。分水器中事先充水至比支管口略低 1cm 左右，用电热套加热回流。反应一段时间后，分水器中的水位会上升（有两层液体：上层为酯层，包括乙酸正丁酯与部分蒸馏出来的正丁醇；下层为水层，包括水与部分蒸馏出来的醋酸），当水位快升至支口处时应及时放出水。保持分水器中的水位在原来的高度，当分水器中的水层不再增加时为反应结束，时间约 45min。反应装置如图 3-1 所示。

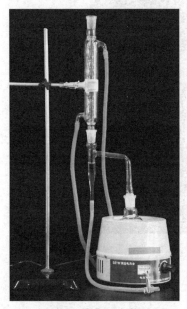

图 3-1　酯化反应装置

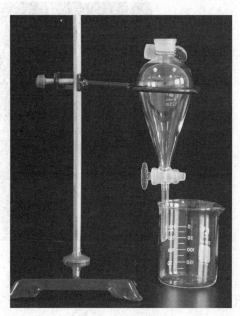

图 3-2　洗涤装置

2. 洗涤

停止加热，撤出热源，稍冷后拆除回流装置，将分水器中分出的酯层回收至圆底烧瓶中，待圆底烧瓶中反应液冷却至常温后，将其倒入分液漏斗中，用 30mL 冷水淋洗圆底烧瓶内壁，洗涤液并入分液漏斗中。充分振摇后，打开分液漏斗的顶塞，静置，待液层分界清晰后，缓慢旋开分液漏斗的下部旋塞，分去水层。再用 20mL 10%碳酸氢钠溶液洗涤有机层（注意：用碳酸氢钠洗涤时，分液漏斗的顶塞要打开，否则碳酸氢钠与醋酸反应生成大量的二氧化碳会将顶塞冲开，造成产品浪费或者伤着其他同学)。最后再用 10mL 饱和氯化钠溶液洗涤一次。分去水层，有机层由分液漏斗上口倒入锥形瓶中。洗涤装置如图 3-2 所示。

注意：几步洗涤过程都要上层。

3. 干燥

向盛有粗产物的锥形瓶中加入少量的无水硫酸镁，配上塞子，振摇至液体澄清透明，放置 15min 左右。

4. 蒸馏

将干燥好的粗乙酸正丁酯小心地滤入蒸馏烧瓶中，注意硫酸镁不能倾入蒸馏烧瓶中，放入几粒沸石，安装蒸馏装置，用电热套加热蒸馏，用干燥的锥形瓶收集 124~126℃馏分，称重并计算产品的产率。蒸馏装置如图 3-3 所示。

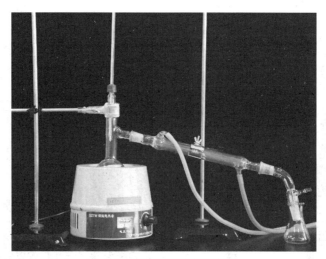

图 3-3　乙酸正丁酯蒸馏装置

五、注意事项

（1）安装合成装置应十分小心，圆底烧瓶和冷凝管必须要用夹子固定。

（2）酯化过程中，滴加浓硫酸速率要慢，避免浓硫酸将醇氧化。

（3）用分液漏斗洗涤粗产物时，注意振摇后必须要先把塞子松开，才能放下层液体，而且瓶口不能对着他人。

（4）分水器内装入水不能太多，而且要注意不能流回圆底烧瓶内。

（5）乙酸正丁酯易燃，小心在分液和蒸馏时着火。

（6）最后精制乙酸正丁酯时，硫酸镁绝对不能倒入蒸馏烧瓶内，否则与硫酸镁结晶的水会随着乙酸正丁酯蒸馏出来，就起为到干燥的作用。

六、思考与讨论

1. 制备乙酸正丁酯时，回流和蒸馏装置为什么必须使用干燥的仪器？
2. 碱洗时，为什么会有二氧化碳气体产生？
3. 酯化反应时，可能会发生哪些副反应？如何除去副产物？
4. 酯化反应的特征是什么，如何提高产率和加快反应速率？
5. 计算反应完全，应分出多少水？

任务二　1-溴丁烷的制备

一、任务介绍

溴代烷烃是常用的有机合成中间体，其制备方法有多种。例如，烷烃光照下的取代，醇与氢溴酸的取代以及用 PBr_3 与醇直接作用等。各种方法适用范围不同，各有优缺点。

1-溴丁烷也称正溴丁烷，是无色透明液体，沸点 101.6℃，不溶于水，易溶于醇、醚等有机溶剂。是麻醉药盐酸丁卡因的中间体，也用于生产染料和香料。

本实训 1-溴丁烷的制取采用正丁醇为原料，与溴化钠在浓硫酸催化下加热脱水得到。

主反应：

$$NaBr + H_2SO_4 \longrightarrow HBr\uparrow + NaHSO_4$$

$$HBr + CH_3CH_2CH_2CH_2OH \underset{\triangle}{\overset{H^+ \cdot \triangle}{\rightleftharpoons}} CH_3CH_2CH_2CH_2Br + H_2O$$

副反应：

$$CH_3CH_2CH_2CH_2OH \xrightarrow[\text{浓 } H_2SO_4]{\triangle} CH_3CH_2CH=CH_2 + H_2O$$

$$2CH_3CH_2CH_2CH_2OH \xrightarrow[\text{浓 } H_2SO_4]{\triangle} CH_3CH_2CH_2CH_2OCH_2CH_2CH_2CH_3 + H_2O$$

$$2HBr + H_2SO_4 \longrightarrow Br_2\uparrow + SO_2\uparrow + 2H_2O$$

1-溴丁烷的相对密度为 1.2758，正丁醇的相对密度为 0.81，10% 碳酸钠的相对密度为 1.1029，浓硫酸的相对密度为 1.8342，水的相对密度为 1.00。

溴代反应结束后，利用蒸馏的方法将产物从反应混合液中分离，副产物硫酸氢钠及过量的硫酸则留在残液中。粗产物中含有未反应完全的正丁醇、氢溴酸及副产物正丁醚等，可通过水洗和酸洗分离除去。

模块三　综合实训

因反应过程中产生的溴化氢有毒,故本实验采用带有气体吸收装置的回流装置。

二、训练目标

1. 知识目标

理解由醇制备卤代烃的原理,掌握 1-溴丁烷的制备方法。

2. 技能目标

(1) 学会带有气体吸收的回收装置的安装与操作。

(2) 学会回流、蒸馏、洗涤、干燥等操作技术。

(3) 学会利用萃取和蒸馏精制液体粗产物的操作技术。

3. 态度目标

严肃、细致、认真,实事求是地操作和记录实验数据。

三、仪器与药品

1. 仪器

研钵、铁架台、温度计、电热套、锥形瓶、量筒、直形冷凝管、接液管、球形冷凝管、圆底烧瓶、蒸馏烧瓶、分液漏斗、普通漏斗、100mL 烧杯、500mL 烧杯、托盘天平、75°玻璃弯管。

2. 药品

10% 碳酸钠、浓硫酸、正丁醇、溴化钠、无水氯化钙、沸石。

四、训练方法

1. 溴代反应

在 100mL 圆底烧瓶中加入 12mL 水,再加入 18mL 浓硫酸,冰-水浴冷却至室温以下,再加入 13mL 正丁醇,混匀后再加入 17g 研细的溴化钠和 5 粒沸石,充分振摇后立刻按图 3-4 安装制备 1-溴丁烷反应装置,用 200mL 烧杯装 100mL 自来水作吸收液,用电热套加热,缓慢升温,使反应液呈微沸,此间应经常轻轻振摇烧瓶,直至溴化钠完全溶解,从第一滴回流液落入反应器中开始计时,回流 1h。

2. 蒸馏

停止加热,待稍冷后拆除气体吸收装置及冷凝管,补加几粒沸石。用 75°玻璃弯管代替蒸馏头按图 3-5 安装蒸馏装置。加热蒸馏,用 50mL 锥形瓶接收馏出液。蒸出粗产物 1-溴丁烷,直至流出液无油滴生成为止。停止蒸馏,将烧

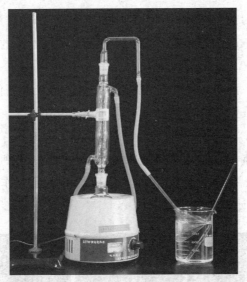

图 3-4　制备 1-溴丁烷反应装置

瓶中的残液趁热倒入废液缸中。反应中生成的硫酸氢钠冷却后会结块而导致烧瓶难以清洗。

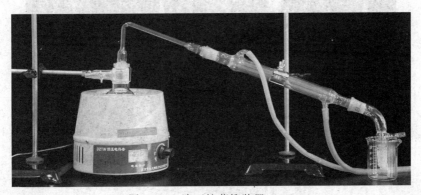

图 3-5　1-溴丁烷蒸馏装置（一）

3. 水洗

将蒸出的粗 1-溴丁烷倒入分液漏斗中，用 15mL 水洗涤；小心地将下层粗产物放入干燥的锥形瓶中，等待下一步酸洗，而上层水层则从漏斗上口倒出。

4. 酸洗

在不断振摇下，向盛有粗产物的锥形瓶中滴加 3~5mL 浓硫酸，至溶液明显分层且上层液澄清透明。将此混合液倒入干燥的分液漏斗中，静置分层后，仔细地分去下层的酸液，而上层油层置于分液漏斗中等待下一步的洗涤。

模块三　综合实训

5.水洗、碱洗、水洗

将分液漏斗中的油层依次用 10mL 水、15mL 10％碳酸钠溶液、10mL 水洗涤后（注意是分三次洗涤过程），将下层液放入一干燥的锥形瓶中。

6.干燥

向盛有粗产物 1-溴丁烷的锥形瓶中加入少量的无水氯化钙进行干燥，配上塞子，间歇振摇至液体变为澄清透明，再放置 10min。

7.蒸馏、称量

将干燥好的液体小心倾入蒸馏烧瓶中（切勿使氯化钙落入烧瓶），加入 2 粒沸石，按图 3-6 安装蒸馏装置，加热蒸馏，用锥形瓶作接收器，收集 99～103℃馏分，称重并计算产率。

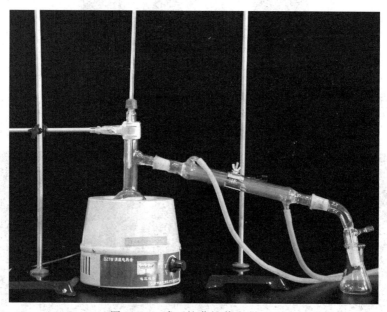

图 3-6　1-溴丁烷蒸馏装置（二）

五、注意事项

（1）安装反应装置应十分小心，圆底烧瓶和冷凝管必须要用夹子固定。

（2）浓硫酸腐蚀性极强，使用时勿触及皮肤。如不慎溅在皮肤上，应用大量水冲洗。

（3）在溴代反应完成后的蒸馏过程中，判断 1-溴丁烷是否蒸完，可用一支盛有少量水试管，去收集几滴流出液，观察溶解状况。

（4）用分液漏斗洗涤粗产物时，注意振摇后必须要先把塞子松开，才能放下层液体，而且瓶口不能对着他人。

（5）1-溴丁烷有毒，切勿与皮肤接触，如有接触应立即用清水冲洗。

六、思考与讨论

1. 加入物料时，是否可以先将溴化钠与硫酸混合，然后再加入正丁醇？为什么？

2. 1-溴丁烷的制备反应也是可逆的，可采取什么手段加快正反应进行，提高产率？

3. 加热回流时，烧瓶内有时会出现红棕色，为什么？

4. 在用碳酸钠溶液洗涤粗产品之前，为什么要先用水洗？用碳酸钠溶液洗涤时，要特别注意什么问题？

5. 在洗涤过程中，用浓硫酸洗涤之前，为什么先用水洗？用浓硫酸洗涤的目的又何在？

任务三　阿司匹林的制备

一、任务介绍

阿司匹林，也称乙酰水杨酸，白色晶体，熔点135℃，微溶于水。可作解热镇痛药，可用于治疗感冒、发热、头痛、牙痛、关节痛、风湿病，还能抑制血小板聚集，用于预防和治疗缺血性心脏病、心绞痛、心肺梗死、脑血栓形成，也可提高植物的出芽率，应用于血管形成术及旁路移植术。

本实训以浓硫酸为催化剂，通过水杨酸与乙酸酐发生酰化反应，制取阿司匹林。反应式如下：

$$\underset{}{\text{水杨酸}} + (CH_3CO)_2O \xrightleftharpoons[\Delta]{\text{浓}H_2SO_4} \underset{}{\text{乙酰水杨酸}} + CH_3COOH$$

水杨酸为双官能团化合物（具有酚羟基和羧基），分子中酚羟基和羧基彼此之间亦能起反应，生成水杨酰水杨酸（　　　　），乙酰水杨酰水杨酸（ [结构式：邻位带有 COOH 和 OCOCH₃ 的苯环，显示水杨酸与乙酸酐反应产物的结构] ），甚至生成少量的聚合物。

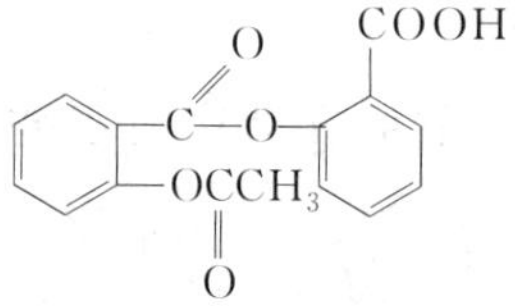

同时反应中也有未反应的水杨酸和乙酸酐混在产物中，因此产物必须提纯。

二、训练目标

1. 知识目标

熟悉酚羟基酰化反应的原理，掌握阿司匹林的制备方法。

2. 技能目标

（1）学会带有恒温合成装置的安装与操作。

（2）熟练使用减压抽滤装置。

（3）学会利用重结晶精制固体产品的操作技术。

3. 态度目标

严肃、细致、认真，实事求是地操作和记录实验数据。

三、仪器与药品

1. 仪器

铁架台、温度计、电热套、锥形瓶、烧杯、球形冷凝管、圆底烧瓶、减压抽滤装置、烧杯、量筒、托盘天平、表面皿。

2. 药品

饱和碳酸氢钠、浓硫酸、水杨酸、乙酸酐、浓盐酸。

四、训练方法

方法一

1. 酰化反应

按如图 3-7 安装实验装置。在 100mL 圆底烧瓶中加入 2g 水杨酸和 5mL 乙酸酐，在不断振摇下缓慢滴加 3 滴浓硫酸，摇匀，待水杨酸溶解后，将圆底烧瓶放入大烧杯中用电热套水浴加热，振摇圆底烧瓶，水浴温度控制在 80～85℃，反应 20min。

2. 结晶、抽滤

停止加热，将圆底烧瓶冷却至室温。当有结晶析出时，将圆底烧瓶放入冰-水浴中冷却，并加入50mL冷水于圆底烧瓶中。静置，待结晶完全析出，减压抽滤，用少量的冷水洗涤结晶，压缩抽干。

3. 重结晶

将粗产物放入100mL烧杯中，加入25mL饱和碳酸氢钠溶液并不断搅拌，直至无二氧化碳气泡产生为止，减压抽滤，除去不溶性杂质，滤液倒入100mL干净的烧杯中。

先取5mL浓盐酸于烧杯中，再加入10mL水，配成盐酸溶液。该盐酸溶液，在搅拌下缓慢加入上述盛有滤液的烧杯中（不能一次性加入盐酸），阿司匹林即呈沉淀析出。将烧杯置于冷-水浴中充分冷却，待晶体析出完全。如果没有结晶析出，则用玻璃棒不断摩擦杯壁，直至结晶析出完全以后，减压抽滤，用少量冷水洗涤滤液，抽干。

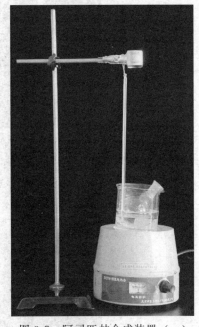

图3-7 阿司匹林合成装置（一）

4. 称量、计算产率

将结晶小心的转移至洁净的表面皿上，晾干后称重并计算产率。

方法二

1. 酰化反应

在100mL圆底烧瓶中加入4g水杨酸和10mL乙酸酐，在不断振摇下缓慢滴加7滴浓硫酸，安装回流生产装置，装置如图3-8所示。用电热套水浴加热，反应过程中应振摇烧瓶使水杨酸反应完全。注意水浴温度和反应时间控制：水浴温度为70～85℃，反应时间为35min；水浴温度为85～95℃，反应时间为25min。

2. 结晶、抽滤

稍冷后拆除冷凝管。将反应液在搅拌下倒入盛有100mL冷水的烧杯中，并用冰-水浴冷却、静置，如果没有结晶析出，则用玻璃棒不断摩擦杯壁，直至结晶析出完全以后，减压抽滤，用少量的冷水洗涤结晶，压缩抽干。如果摩擦杯壁40min后还没有结晶析出，则反应不成功。

后面操作步骤同方法一处理。

模块三 综合实训

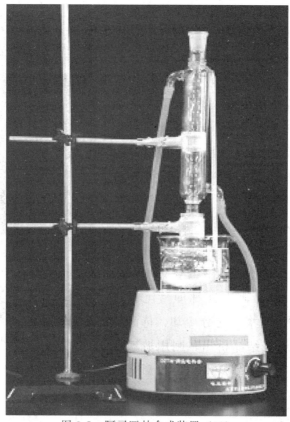

图 3-8　阿司匹林合成装置（二）

五、注意事项

（1）乙酸酐有刺激性气味并有一定腐蚀性，取用时应注意不要与皮肤直接接触，防止吸入大量蒸气。物料加入烧瓶后，应尽量快速安装冷凝管，冷凝管内事先接通冷却水。

（2）浓硫酸具有强腐蚀性，应避免触及皮肤或衣物。

（3）由于分子内氢键的存在，水杨酸和乙酸酐需在 150~160℃ 才能生成乙酰水杨酸，加入酸的目的主要是破坏氢键，使反应在较低的温度下就可进行，而且大大减少副产物，因此实验时要注意控制温度。

（4）水浴温度与反应体系温度相差 5℃，水浴温度控制在 80~85℃，可使反应在 75~80℃ 进行。

六、思考与讨论

1. 制备乙酰水杨酸时，为什么需要使用干燥的仪器？

2. 制备乙酰水杨酸时,为什么加浓硫酸?

3. 本实训中,为什么要将水浴温度控制在 80～85℃左右?温度过高时,对实训结果有什么影响?

4. 用什么方法可简便地检验产品中是否含有未反应完全的水杨酸?

5. 用什么方法可迅速检验产品中未反应的水杨酸?

6. 本实验能否用乙酸代替乙酸酐?

小品文

阿司匹林的妙用

阿司匹林除了具有解热镇痛之功效外,在生活中也有让你意想不到的妙用,不妨了解一下。

(1) 去头屑 把两片阿司匹林捣碎放入洗发水中,使用这种混合洗发水洗头后,头屑会逐渐减少。

(2) 治疗粉刺 将片剂的阿司匹林捣碎成粉末,之后用清水调匀,敷在粉刺上 2min 左右后清洗,粉刺将从脸上快速消失。

(3) 保持插花的新鲜 从花店里买来鲜花后,在花瓶的清水中放入两片阿司匹林,便可保持鲜花常开不败。

(4) 祛除血渍 将阿司匹林捣碎后用清水调成阿司匹林溶液,之后用该溶液洗衣,衣物上的血渍即可轻松祛除。

(5) 除老茧 手脚等部位的老茧是不是让你觉得难看,可以用 6 片阿司匹林捣碎,然后与半匙"清水+柠檬汁"混合,将混合物敷在老茧处,用温热布包好,15min 后摩擦生茧部位即可轻松除茧。

(6) 消灭真菌 将阿司匹林粉末与爽身粉混合,之后将其敷在真菌滋生处,每天两次可以有效消灭真菌。

(7) 活化土壤 在植物的土壤上喷洒少量阿司匹林溶液可消灭土壤与植物争抢养分的真菌,但要注意不可过量。

(8) 防治晕车 乘车前半小时服阿司匹林 1～2 片,如果中途稍有晕车感觉,再服 1 片。实践证明,阿司匹林可显著减轻晕车症状,有的服用 2～3 次后就不再晕车。如果乘车前一晚休息良好,乘车前喝足水,少吃油腻类食物,效果更好。

(9) 治疗蚊虫叮咬 被蚊虫叮咬后,用阿司匹林溶液擦在伤处,可以消肿。

(10) 祛疣　疣（俗称瘊子）是很恼人的皮肤累赘，将阿司匹林捣碎后敷在疣上，然后用胶布贴住，经过一段时间，疣会慢慢消失

另外，阿司匹林最新科学研究表明，还可防治以下五种病。

(1) 失眠　据报道，阿司匹林对偶发性失眠有良佳效果。这是因为本品具有延迟性镇静和催眠的作用。因此，每晚睡前口服 50mg 肠溶阿司匹林，对偶发失眠的老人有作用。

(2) 心肌梗死及脑中风　阿司匹林是一种重要的抗血小板和抗血栓药。每日定时长期小剂量（25～50mg）口服本品，可预防心肌梗死和中风。因本品具有抑制血小板聚集和减少血栓形成之作用。

(3) 糖尿病　阿司匹林能增加体内胰岛素的含量，促进内源性胰岛素释放和肝糖原合成，遏制肠内吸收葡萄糖，使机体组织对葡萄糖的吸收增加，从而阻止血小板凝集和 ADP（二磷酸腺苷）的释放，降低空腹血糖水平，改善患者的糖耐量。

(4) 白内障　每日口服小剂量 50mg 的肠溶阿司匹林，可延缓和预防老年白内障的形成，可使部分病人避免手术。而阿司匹林能延迟和抑制晶状体蛋白变性，预防和延缓白内障的形成。

(5) 癌症　经科学家研究发现，肿瘤细胞可分泌大量的前列腺素，阻止细胞免疫与体液免疫功能，从而诱发肿瘤。而阿司匹林可抑制肿瘤细胞分泌，并阻滞前列腺素的合成，从而起到防癌作用。

健康提示：阿司匹林的作用五花八门，但在使用这种药物前，最好还是应用向医生咨询。如果患有哮喘或者对阿司匹林过敏，这种药物势必给身体带来更多伤害而不是益处。一旦获得医生同意，就可以尝试阿司匹林这种价格低，但友功效较多的药物。

任务四　正丁醚的制备

一、任务介绍

醚是有机合成中常用的溶剂，大多数有机化合物在醚中都有良好的溶解性。

醇分子间脱水是制备单醚的常用方法。实验室常用的脱水剂是浓硫酸，酸的作用是将一分子的醇的羟基转变成更好的离去基团。这种方法通常用来从低

级伯醇合成相应的单醚。除硫酸外，还可用磷酸或离子交换树脂做催化剂。由于反应是可逆的，通常采用蒸出产物或水的方法，使反应朝有利于醚的方向移动。同时，必须严格控制反应温度，以减少副反应（生成烯烃和二烷基硫酸酯）的发生。

在制备正丁醚时，正丁醇的沸点（117.7℃）和正丁醚的沸点（142℃）较高，正丁醇的密度小于水，且在水中溶解度较小，可使用分水器除去反应生成的水，以提高正丁醚的收率。用醇脱水制单醚时，只有伯醇有较高产率。

制备混醚常采用威廉森合成法，即通过伯卤代烷、磺酸酯或硫酸酯与醇钠或酚钠反应来制备。

本实训以正丁醇为原料，在浓硫酸催化下脱水制取正丁醚。

主反应：

$$CH_3CH_2CH_2CH_2OH \xrightarrow[\text{微沸}<135℃]{\text{浓 }H_2SO_4} CH_3CH_2CH_2CH_2OCH_2CH_2CH_2CH_3 + H_2O$$

副反应：

$$CH_3CH_2CH_2CH_2OH \xrightarrow[>135℃]{\text{浓 }H_2SO_4} CH_3CH_2CH=CH_2 + H_2O$$

正丁醚，无色液体，相对密度 0.7740，沸点 142.4℃，不溶于水，与乙醇、乙醚混溶，易溶于丙酮；正丁醇，无色透明、易燃液体，相对密度 0.8098，沸点 117.7℃，溶于水、苯，与乙醚、丙酮以任意比例互溶。

二、训练目标

1.知识目标

熟悉醚的制备原理，掌握醚的制备方法。

2.技能目标

（1）进一步巩固蒸馏、萃取、洗涤、干燥操作。

（2）巩固带分水器回流装置的安装与操作。

3.态度目标

严肃、细致、认真，实事求是地操作和记录实验数据。

三、仪器与药品

1.仪器

铁架台、温度计、电热套、锥形瓶、量筒、直形冷凝管、球形冷凝管、分水器、圆底烧瓶、蒸馏烧瓶、分液漏斗、普通漏斗、烧杯、托盘天平。

2.药品

正丁醇、浓硫酸、无水氯化钙、50%硫酸、沸石。

四、训练方法

1. 脱水反应

在 50mL 圆底烧瓶中加入 15.5mL（12.5g，0.17mol）正丁醇，冷水浴下缓慢加入 2.2mL 浓硫酸，振摇混匀，加入沸石，安装带有分水器的回流装置。分水器中先加入一定量的水，水量至分水器支管下约 0.5～1cm。小火加热，保持微沸，回流。分水器中的水不断增加，当其中当水位快升至支口处时应及时放出水。继续加热至生成的水不再增加时停止加热。大约需回流 1.5h。若继续加热，反应液会变黑并有较多副产物烯烃生成。

2. 洗涤

待反应液冷却至室温后，将混合物连同分水器里的水一起倒入盛有 25mL 水的分液漏斗中，充分振摇，分出上层粗醚层。粗醚层用 50%冷硫酸洗涤两次（每次 8mL），再用 10mL 水洗涤，最后用无水氯化钙干燥。

3. 蒸馏

将干燥后的产物滤入蒸馏烧瓶，蒸馏，收集 139～142℃的馏分（约 3～4g），称重并计算产率。

五、注意事项

（1）加料时，正丁醇和浓硫酸要充分摇动混匀。否则硫酸硫酸局部过浓，加热后易使反应溶液变黑。

（2）正丁醇、正丁醚和水可能生成几种共沸混合物，本实验中利用共沸混合物蒸馏的方法将反应生成的水不断从反应物中除去。含水的共沸混合物冷凝后分层，上层主要是正丁醇和正丁醚，下层主要是水。在反应过程中，利用分水器使上层液体不断流回反应器中。

（3）反应开始回流时，因为有恒沸混合物的存在，温度不可能马上达到 135℃，但随着水被蒸出，温度逐渐升高，最后达到 135℃以上，即应停止加热，如果温度升得太高，反应溶液会炭化变黑，并有大量副产物丁烯生成。

（4）50%硫酸的配制方法：将 10mL 浓硫酸缓慢加入到 17mL 水中。

（5）粗产品用 50%硫酸洗涤是因为正丁醇能溶于 50%硫酸中，而正丁醚很少溶解。也可用 20mL 2mol/L NaOH 洗涤至呈碱性，然后用 10mL 水以及 10mL 饱和氯化钙洗去未反应的正丁醇，在碱洗过程中不要太剧烈地摇动分液漏斗，以免分层困难。

六、思考与讨论

1. 设计由乙醇制备乙醚的方案,并讨论制备乙醚和正丁醚实验操作上有何不同?
2. 为什么要将混合物倒入 25mL 水中?各步洗涤目的是什么?
3. 还可采用什么方法制备正丁醚?
4. 实验中,应采用何种措施提高正丁醚的产率?

任务五 环己酮的制备

一、任务介绍

酮是一类重要的化工和有机合成原料。环己酮,无色或浅黄色黄色透明液体,有强烈的刺激性,相对密度 0.95,沸点 155.7℃,微溶于水,易溶于乙醇、乙醚等有机溶剂。环己酮是重要化工原料,是制造尼龙、己内酰胺和己二酸的主要中间体;也是重要的工业溶剂,如是涂料、农药、染料等的优良溶剂。

脂肪酮主要通过仲醇的氧化或脱氢制备。工业上多用催化氧化或催化脱氢法;实验室一般用氧化剂氧化,常用的氧化剂有酸性重铬酸钠(钾)、硝酸、硫酸等。

芳香酮常用傅瑞德尔-克拉夫茨酰基化反应(傅-克酰基化反应)制备。即芳烃在路易斯酸催化下,与酰氯或酸酐等酰基化试剂发生亲电取代反应。

本实训是以酸性重铬酸钠为氧化剂,通过环己醇氧化制备环己酮。反应式如下:

$$3\,C_6H_{11}OH + Na_2Cr_2O_7 + 4H_2SO_4 \longrightarrow 3\,C_6H_{10}O + Cr_2(SO_4)_3 + Na_2SO_4 + 7H_2O$$

二、训练目标

1. 知识目标

熟悉环己醇氧化制备环己酮的原理,掌握环己酮的制备方法。

2. 技能目标

(1) 进一步巩固萃取、蒸馏、干燥等操作。

（2）学会空气冷凝管的使用。

（3）学会简易水蒸气蒸馏操作。

3.态度目标

严肃、细致、认真，实事求是地操作和记录实验数据。

三、仪器与药品

1.仪器

烧杯、圆底烧瓶、温度计、蒸馏头、直形冷凝管、空气冷凝管、分液漏斗、锥形瓶、普通漏斗、量筒、托盘天平。

2.药品

环己醇、乙醚、浓硫酸、重铬酸钠、饱和食盐水、乙二酸、无水硫酸镁、沸石。

四、训练方法

1.铬酸溶液的制备

在 50mL 的烧杯中加入 15mL 水和 2.6g（0.01mol）重铬酸钠，搅拌溶解后，在搅拌下慢慢加入 2.2mL 浓硫酸，得到橙红色铬酸溶液。冷却至室温备用。

2.氧化反应

在圆底烧瓶中加入 5.2mL（5g，0.05mol）环己醇，加入沸石，插入温度计，水浴冷却，将上述铬酸溶液分批加入圆底烧瓶，每加一次都振摇均匀，控制瓶内温度保持在 55～60℃。当温度开始下降时移去冷水浴，室温下放置 1h，其间要间歇振摇反应瓶。反应完全后，反应液应呈墨绿色，否则应加入少量乙二酸以还原过量氧化剂，使反应液呈墨绿色。

3.蒸馏、洗涤、干燥

反应完毕后在反应瓶中加入 30mL 水进行蒸馏（如图3-5所示）。将馏出液加入饱和食盐水后转入分液漏斗中，分出有机相。水相用 8mL 乙醚提取一次。将乙醚提取液和有机相合并，用无水硫酸镁干燥。

4.蒸馏去除乙醚，称重

将干燥过的混合物滤入圆底烧瓶中，加入沸石，蒸出乙醚。改用空气冷凝管继续蒸馏，收集 151～155℃ 的馏分，称重并计算产率。

五、注意事项

（1）浓 H_2SO_4 的滴加要缓慢，注意冷却。

（2）铬酸氧化醇是一个放热反应，实验中必须严格控制反应温度以防反应过于剧烈。反应中控制好温度，温度过低反应困难，过高到副反应增多。

（3）在第一次分层时，由于上下两层都带深棕色，不易看清其界线，可加少量乙醚或水，则易看清。

（4）乙醚容易燃烧，必须远离火源。

（5）铬酸溶液具有较强的腐蚀性，操作时多加小心，不要溅到衣物或皮肤上。

（6）加水蒸馏时，水的馏出量不宜过多，否则即使使用盐析，仍不可避免有少量环己酮溶于水中而损失。

六、思考与讨论

1. 反应温度为什么要控制在 55～60℃，温度过高或过低有什么不好？
2. 能否用铬酸氧化，将 2-丁醇和 2-甲基-2-丙醇区别开来？说明原因，并写出有关的反应式。
3. 蒸馏产物时为何使用空气冷凝管？
4. 环己醇用铬酸氧化时得到环己酮，用高锰酸钾氧化得己二酸，为什么？

任务六　苯甲酸的制备

一、任务介绍

苯甲酸，又称安息香酸，具有苯或甲醛的气味的鳞片状或针状结晶。相对密度 d_4^{15} 1.2659，熔点 122.13℃，沸点 249℃。在 100℃时迅速升华，它的蒸气有很强的刺激性，吸入后易引起咳嗽。微溶于水，易溶于乙醇、乙醚等有机溶剂。苯甲酸是弱酸，化学性质活泼，能形成盐、酯、酰卤、酰胺、酸酐等，但不易被氧化。苯甲酸广泛用于医药、染料载体、增塑剂、香料和食品防腐剂等的生产，也用于醇酸树脂涂料的性能改进。

本实训以苯甲醇、氢氧化钠、带两个结晶水的氯化铜为原料，合成苯甲酸。反应式如下：

$$CuCl_2 \cdot 2H_2O + 2NaOH \longrightarrow Cu(OH)_2 + 2NaCl + 2H_2O$$

$$C_6H_5CH_2OH + 2Cu(OH)_2 \longrightarrow C_6H_5CHO + 2CuOH + 2H_2O$$

$$2\,C_6H_5CHO + NaOH \longrightarrow C_6H_5CH_2OH + C_6H_5COONa$$

$$4CuOH + O_2 + 2H_2O \longrightarrow 4Cu(OH)_2$$

总反应式如下：

$$C_6H_5CH_2OH + NaOH \xrightarrow[O_2,\,\triangle]{Cu(OH)_2} C_6H_5COONa \xrightarrow{\text{浓 HCl}} C_6H_5COOH$$

二、训练目标

1. 知识目标

了解无溶剂反应的意义，熟悉苯甲酸反应制备原理，掌握制备方法。

2. 技能目标

进一步巩固回流、重结晶等操作。

3. 态度目标

（1）严肃、细致、认真，实事求是地操作和记录实验数据；

（2）培养绿色化学、环境保护意识。

三、仪器与药品

1. 仪器

圆底烧瓶、球形冷凝管、直形冷凝管、烧杯、量筒、电热套、温度计、抽滤装置、pH 试纸、保温漏斗、玻璃棒、托盘天平。

2. 药品

苯甲醇、氢氧化钠、$CuCl_2 \cdot 2H_2O$、浓盐酸。

四、训练方法

1. 氧化

在圆底烧瓶中分别加入 2.2g（0.02mol）苯甲醇、1.0g（0.025mol）氢氧化钠和 0.3g（0.0017mol）$CuCl_2 \cdot 2H_2O$，安装回流装置。搅拌、加热，回流

反应，圆底烧瓶中的固体不断增加。待苯甲醇基本消失后，停止加热。

2. 抽滤、回收催化剂

待反应混合物冷却至室温时，加入 25mL 水，并加热回流 10min，过滤，滤饼用 5mL 水洗后回收铜催化剂。

3. 酸化、重结晶

将滤液用浓盐酸酸化至 pH≤2，白色固体析出，静置 15min 过滤，将白色固体用水重结晶，干燥，得苯甲酸。称量，计算产率。

五、注意事项

抽滤时，应先洗净抽滤瓶，避免滤纸破损将固体抽到瓶内发生二次污染。

六、思考与讨论

1. 还可采用哪些方法合成苯甲酸？若采用甲苯或带支链的苯氧化时，可采用哪些物质做氧化剂？

2. 查阅资料，阐述绿色化学的意义，与传统实验对比，分析此次实验如何更加环保？

任务七 乙酰苯胺的制备

一、任务介绍

乙酰苯胺，俗称退热冰，学名 N-苯（基）乙酰胺，白色有光泽片状结晶或白色结晶粉末，是磺胺类药物的原料，可用作止痛剂、退热剂、防腐剂和染料中间体。

熔点 114.3℃，沸点 304℃，相对密度 1.2190。在空气中稳定。在水中溶解度：0.56（25℃）、3.5（80℃）、18（100℃）。

本实训由苯胺与醋酸反应制备。反应式如下：

$$\text{C}_6\text{H}_5\text{NH}_2 + \text{CH}_3\text{COOH} \xrightarrow{\Delta} \text{C}_6\text{H}_5\text{NHCOCH}_3 + \text{H}_2\text{O}$$

该反应的意义除用于制备乙酰苯胺外，在有机合成中还具有保护氨基的作用。由于氨基的强活化作用，芳香族伯胺的芳环和氨基都容易发生反应。有机合成中为了保护氨基,常将其通过乙酰化反应转化为乙酰氨基,其优点在于:降低了胺对氧化降解的敏感性,使其不易被氧化剂破坏。乙酰氨基为中等活化的第一类定位基,由于空间作用,主要生成对位产物。反应完后再水解去掉乙酰基,恢复氨基。

二、训练目标

1. 知识目标

了解用冰醋酸酰化苯胺制备乙酰苯胺方法和原理。

2. 技能目标

(1) 学会使用空气冷凝管蒸馏新鲜苯胺。

(2) 学会用分馏方法制备和精制有机化合物。

(3) 熟练应用重结晶提纯乙酰苯胺。

3. 态度目标

严肃、细致、认真,实事求是地操作和记录实验数据。

三、仪器与药品

1. 仪器

蒸馏烧瓶、圆底烧瓶、量筒、电热套、分馏柱、温度计、空气冷凝管、锥形瓶、直形冷凝管、烧杯、抽滤装置、保温漏斗、玻璃棒、托盘天平。

2. 药品

苯胺、冰醋酸、锌粉、活性炭、沸石。

四、训练方法

1. 新蒸苯胺

将 6mL 苯胺加入蒸馏烧瓶中,安装如图 3-9 所示的空气冷凝蒸馏装置蒸馏苯胺。

2. 酰化反应

将新蒸的苯胺、7.8g 冰醋酸和 0.1g 锌粉加入圆底烧瓶中,安装如图 3-10 所示的合成装置,刺形分馏柱柱顶插一支 150℃ 温度计,用一个小锥形瓶收集稀醋酸溶液。用电热套低温慢慢加热烧瓶至微沸,使柱顶温度保持在 105℃ 左右,反应约 40~60min。当温度计的读数发生上下波动或烧瓶内出现白色雾时,反应基本完成,停止加热。

3. 结晶、抽滤

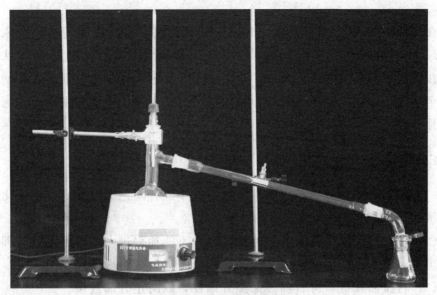

图 3-9　新蒸苯胺装置

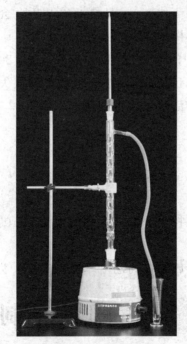

图 3-10　合成装置

在搅拌下，趁热将烧瓶中的物料以细流状倒入盛有 100mL 冷水的烧杯中，剧烈搅拌，然后冷却烧杯至室温时抽滤用玻璃瓶塞将滤饼压干，再用 5～10mL 冷水洗涤，再抽干将此粗乙酰苯胺滤饼放入 200mL 烧杯中。

模块三　综合实训

4. 重结晶

在烧杯中加入 150mL 热水并加热，使其溶解，若溶液沸腾时仍有未溶解的油珠，应补加热水，直至油珠消失为止。稍冷后，加入约 0.2g 粉末状活性炭，在搅拌下加热煮沸 1～2min，趁热抽滤，过滤用的漏斗应预热，将滤液慢慢冷至室温结晶，抽滤，尽量压干滤饼产物放在干净的表面皿中。晾干后，称重并计算产率。

五、注意事项

（1）苯胺必须新蒸馏，否则苯胺在空气中放置颜色会变深，影响酰化产物的质量和产率。

（2）锌粉的作用是防止苯胺氧化，锌粉不能加得过多，否则在后处理过程中会出现不溶于水的氢氧化锌，用新蒸的苯胺时，也可以不加锌粉。

（3）若室温较低，可石棉等保温分馏柱，以防止分馏过慢。

（4）反应物应趁热在搅动下倒入冷水中，以除去过量的乙酸及未反应的苯胺（生成苯胺乙酸盐而溶于水）。一旦烧瓶冷却后，会有固体析出，粘在瓶壁上不易处理，因此要趁热操作。

（5）乙酰苯胺在水中的溶解度：100℃ 5.55g；80℃ 3.45g；50℃ 0.84g；20℃ 0.46g。重结晶时，不宜加水过多，避免产品损失。

（6）不能在沸腾时加活性炭，否则会发生溢料。

六、思考与讨论

1. 制备乙酰苯胺的装置中，为什么要用分馏柱？能否改用蒸馏装置蒸出水？为什么？

2. 反应时，为什么要控制分馏柱上端的温度在 105℃ 左右？温度过高有什么不好？

3. 本实训采取哪些措施来提高乙酰苯胺的产率？为什么要用分馏装置？

任务八　肥皂的制备

一、任务介绍

肥皂是脂肪酸金属盐的总称，日用肥皂中的脂肪酸碳原子数一般为 10～18，金属主要是钠或钾等碱金属，也有用氨及某些有机碱如乙醇胺、三乙醇胺等制成特殊用途肥皂的。肥皂包括洗衣皂、香皂、金属皂、液体皂，还有相关产品如脂肪酸、硬化油、甘油等。肥皂是人们常用的去污剂，它的制造历史已长达 2000 年之久。其特点是使用后可生物降解（微生物可将肥皂吃掉，转变成二氧化碳和水），不污染环境，但只适宜在软水中使用。在硬水中使用时，会生成脂肪酸钙盐，以凝乳状沉淀析出，而失去去污除垢的能力。

动物脂肪的主要成分是高级脂肪酸甘油酯。将其与氢氧化钠溶液共热，就会发生碱性水解（皂化反应），生成高级脂肪酸钠（即肥皂）和甘油。在反应混合液中加入溶解度较大的无机盐，以降低水对有机酸盐（肥皂）的溶解作用，可使肥皂较为完全地从溶液中析出，这一过程叫做盐析。利用盐析的原理，可将肥皂和甘油较好地分离开。

本实训中以猪油为原料制取肥皂。反应式如下：

$$\begin{array}{c}\text{RC}(=\!\text{O})\!-\!\text{O}\!-\!\text{CH}_2 \\ \text{R}'\text{C}(=\!\text{O})\!-\!\text{O}\!-\!\text{CH} \\ \text{R}''\text{C}(=\!\text{O})\!-\!\text{O}\!-\!\text{CH}_2\end{array} \xrightarrow[\triangle]{\text{NaOH/H}_2\text{O}} \underbrace{\begin{array}{c}\text{RCOONa}\\ \text{R}'\text{COONa}\\ \text{R}''\text{COONa}\end{array}}_{\text{三种羧酸钠盐混合物}} + \begin{array}{ccc}\text{CH}_2\!-\!\text{CH}\!-\!\text{CH}_2\\ |\quad|\quad|\\ \text{OH}\;\;\text{OH}\;\;\text{OH}\end{array}$$

二、训练目标

1. 知识目标

（1）了解皂化反应原理及肥皂的制备方法。

（2）熟悉盐析原理。

2. 技能目标

（1）熟练掌握普通回流装置的安装与使用。

（2）熟练掌握沉淀的洗涤及减压抽滤操作技术。

3. 态度目标

严肃、细致、认真，实事求是地操作和记录实验数据。

三、仪器与药品

1. 仪器

圆底烧瓶、量筒、球形冷凝管、减压抽滤装置、电热套、烧杯、托盘天平。

2. 药品

40%氢氧化钠、饱和食盐水、95%乙醇、猪油、沸石。

四、训练方法

1. 皂化

在圆底烧瓶中加入 5g 猪油、15mL 95%乙醇和 15mL 40%的氢氧化钠溶液。安装普通蒸馏装置,用电热套加热,保持微沸 40min。反应过程中,若烧瓶内产生大量泡沫,可从冷凝管上口滴加少量的 95%乙醇与氢氧化钠混合液(按 1∶1 混合),以防泡沫冲入冷凝管中。

2. 盐析分离

皂化反应结束后,趁热将反应混合液倒入盛有 150mL 饱和食盐水的烧杯中,静置冷却。将充分冷却后的皂化液倒入布氏漏斗中,减压抽滤。用冷水洗涤沉淀两次,抽干。

3. 干燥称量

滤饼取出后,压制成型。自然晾干后,称重并计算产率。

五、注意事项

(1) 实验中应使用新炼制的猪油。因为长期放置的猪油会部分变质,生成醛、羧酸等物质,影响皂化效果。

(2) 皂化反应过程中,应始终保持小火加热,以防温度过高,泡沫溢出。

(3) 皂化液和准备添加的混合液中乙醇含量较高,易燃烧,应注意防火。

六、思考与讨论

1. 肥皂是依据什么原理制备的?除猪油外,还有哪些物质可以用来制备肥皂?试列举两例。

2. 皂化反应后,为什么要进行盐析分离?

3. 本实验中为什么要采用回流装置?

4. 废液中含有副产物甘油,试设计其回收方法。

任务九　甲基橙的制备

一、任务介绍

甲基橙微溶于水,不溶于乙醇,是常用的酸碱指示剂,在酸性溶液中呈红

有机化学实验

色,碱性溶液中呈黄色。甲基橙也是一种橙黄色偶氮染料,可用于印染纺织品。染料既可从天然物种提取,也可人工合成。偶氮染料的制备可由芳香族伯胺发生重氮化反应生成重氮盐后,再与芳胺或酚类偶联而成。

本实训中以对氨基苯磺酸为原料制备重氮盐,重氮盐再与 N,N-二甲基苯胺在酸性介质中发生偶联反应制得甲基橙。

对氨基苯磺酸因形成内盐在水中溶解度很小,通常先将其制成钠盐,再进行重氮化反应。

1. 重氮化反应

$$\underset{SO_3H}{\underset{|}{C_6H_4}}-NH_2 + NaOH \longrightarrow \underset{SO_3Na}{\underset{|}{C_6H_4}}-NH_2 + H_2O$$

$$\underset{SO_3Na}{\underset{|}{C_6H_4}}-NH_2 + NaNO_2 + 3HCl \xrightarrow{0\sim5\ ℃} \underset{SO_3Na}{\underset{|}{C_6H_4}}-N_2Cl + 2NaCl + H_2O$$

2. 偶联反应

$$\underset{SO_3Na}{\underset{|}{C_6H_4}}-N_2Cl + \underset{}{C_6H_5}-N(CH_3)_2 \xrightarrow[CH_3COOH]{0\sim5\ ℃} \left[HO_3S-C_6H_4-N=N-C_6H_4-\underset{H}{\overset{+}{N}}(CH_3)_2\right] CH_3COO^-$$

$$\left[HO_3S-C_6H_4-N=N-C_6H_4-\underset{H}{\overset{+}{N}}(CH_3)_2\right] CH_3COO^- + NaOH \longrightarrow$$

$$NaO_3S-C_6H_4-N=N-C_6H_4-N(CH_3)_2 + CH_3COONa + H_2O$$

大多数重氮盐很不稳定。为防止其在温度高时发生分解,重氮化反应必须在低温和强酸性介质中进行。

二、训练目标

1. 知识目标

了解重氮化反应及偶联反应的原理与条件,掌握甲基橙的制备方法。

2. 技能目标

学习低温操作技术，熟练掌握重结晶操作。

3.态度目标

严肃、细致、认真，实事求是地操作和记录实验数据。

三、仪器与药品

1.仪器

减压抽滤装置、量筒、烧杯（100mL、200mL、600mL）、100℃温度计、电热套、表面皿、托盘天平。

2.药品

5%氢氧化钠、饱和氯化钠溶液、对氨基苯磺酸、N,N-二甲基苯胺、淀粉-碘化钾试纸、无水乙醇、亚硝酸钠、浓盐酸、冰醋酸、氯化钠、稀盐酸、乙醚、尿素。

四、训练方法

1.重氮化

在100mL烧杯中，加入2.1g对氨基苯磺酸及10mL 5%氢氧化钠溶液，在温水浴中小火加热溶解，冷却至室温。加入0.8g亚硝酸钠和6mL水的混合液，用冰盐水浴冷却至0~5℃。在冰盐浴下，将3mL浓盐酸与10mL水配成的溶液（需先冰水浴中冷却）在不断搅拌下缓慢滴加到上述混合液中。加料过程中，应注意控制反应液温度在5℃以下（可用温度计间歇测温）。滴加完毕，在冰盐水浴中继续搅拌15min，以保证反应完全。然后用淀粉-碘化钾试纸检验反应终点。若呈蓝色，则亚硝酸过量，可加尿素除去。

2.偶联

在试管中加入1.3mL N,N-二甲基苯胺和1mL冰醋酸，振荡混匀。在不断搅拌下，将此溶液缓慢加到上述冷却的重氮盐溶液中（此间应始终保持低温操作）。继续反应10min，然后慢慢加入25mL 5%氢氧化钠溶液，反应液变为橙红色。粗甲基橙呈细粒状沉淀析出。

3.盐析、抽滤

将烧杯从冰盐水浴中取出恢复至室温。加入5g氯化钠，搅拌并于沸水浴中加热5min。停止加热，冷却至室温后再置于冰水浴中冷却。待甲基橙晶体析出完全后，抽滤。用少量饱和氯化钠溶液洗涤烧杯和滤饼，压紧抽干。

4.重结晶

将上述粗产物用沸水进行重结晶（每克粗产物约需25mL水）。待结晶析出完全后，抽滤。滤饼依次用少量无水乙醇、乙醚进行洗涤，压紧抽干。产品转移至表面皿上，于50℃以下自然晾干，称重并计算产率。

  5. 性能检验

  取少许产品溶解于水中，先加几滴稀盐酸溶液，再用5％氢氧化钠溶液中和。观察溶液颜色变化，记录实验现象。

五、注意事项

（1）重氮化和偶联反应温度控制很重要，都需在低温下进行，这是本实训成败的关键所在。因此整个反应过程中，盛装反应液的烧杯始终不能离开冰盐水浴。

（2）用温度计间歇测温时，可暂停搅拌，以免温度计与搅拌棒碰撞而损坏，不能用温度计代替搅拌棒。

（3）用淀粉-碘化钾试纸检验亚硝酸是否过量，如果过量，一定要加少量尿素。因过多的亚硝酸会引起一系列副反应。

（4）湿的甲基橙受日光照射时颜色会变深，所以重结晶操作应迅速。

（5）浓盐酸易挥发并具有强烈的刺激性，N,N-二甲基苯胺有毒，应避免吸入其蒸气。

（6）用乙醇、乙醚洗涤的目的是使产品迅速干燥。

六、思考与讨论

1. 重氮化反应为什么要控制在低温0～5℃、强酸介质中进行？
2. 在重氮盐制备前为什么要加入氢氧化钠？本实验是否可以先将对氨基苯磺酸与盐酸混合，再滴加亚硝酸钠溶液进行重氮化反应？为什么？
3. 重氮盐的偶联反应应在什么介质中进行的？为什么？
4. 洗涤滤饼时，为什么要用饱和食盐水？
5. 如何判断重氮化反应终点？如何除去过量亚硝酸？

模块四 拓展实验

有机化学拓展实验是在学生已掌握有机化学基本操作技能，并有一定理论水平的基础上，进一步开拓实验项目的一个模块，进行体验式学习，设计实验方案、实施实验训练项目的过程，在拓展实验中使学生树立信心，发掘自我潜能，更好地发挥团队合作精神。

本模块主要包括乙酸异戊酯的制备（催化剂的应用）和有机玻璃的制备（高分子化合物的合成）、洗涤剂月桂醇硫酸酯钠的制备（精细化学品的合成）、茶叶中咖啡因的提取（天然产物的提取）、对硝基苯甲酸的制备（设计性实验）、微波辐射及相转移催化下对甲苯基苄基醚的制备（绿色合成设计）。

任务一 乙酸异戊酯的制备（催化剂的应用）

一、任务介绍

酯类广泛地分布于自然界中。花果的芳香气味大多数是由于酯类的存在而引起的，许多昆虫信息素的主要成分也是低级酯类。乙酸异戊酯存在于蜜蜂的体液内，蜜蜂在叮刺入侵者时，随毒汁分泌出乙酸异戊酯作为响应信息素，使其他同伴"闻信"而来，对入侵者群起攻之。

乙酸异戊酯是一种香精，因具有令人愉快的香蕉气味，又称香蕉油，为无色透明液体，沸点142℃，不溶于水，易溶于醇、醚等有机溶剂。

实验室中采用冰醋酸和异戊醇在催化剂的作用下合成乙酸异戊酯，而催化剂在化学工业中是不可缺少的一种物质，就如生活中的盐和味精，量少作用大。经过测试发现：如果没有加入催化剂，反应3h，乙酸异戊酯的产率才只有22.82%；如果加入了浓硫酸作催化剂，那么只要20min，乙酸异戊酯的产率可达84.15%。并且合成同一种有机化合物的催化剂有多种，如合成乙酸异戊酯的催化剂有：浓H_2SO_4、杂多酸（如磷钨酸）、磺酸（如对甲苯磺酸）、分子筛（如MCM-41）、树脂（如强酸性阳离子树脂）、固体超强酸（如SO_4^{2-}/TiO_2）、盐酸盐（如$FeCl_3 \cdot 6H_2O$）、硫酸盐［如$NH_4Fe(SO_4)_2 \cdot 12H_2O$］等，性能也各不相同。经过测试发现：当反应时间为5min时，用硫酸铁铵、浓硫酸和氯化铁作催化剂合成乙酸异戊酯的产率分别为41.19%、82.82%和85.60%。

本次实训就采用实验室常用的硫酸铁铵、浓硫酸和氯化铁三种物质作催化剂来合成乙酸异戊酯，并讨论催化剂对制备乙酸异戊酯的影响。讨论内容有产率、催化剂回收、实训现象等。

先将全体同学分成A、B、C三个大组，每个大组又分成四个小组。每一个大组安排一个组长统计实训数据，每一个小组安排一个小组长协调本小组操作。为了客观地得出实训数据，每一个大组统一使用一种催化剂。要求每个同学都要通过查阅资料及教师讲解，掌握仪器安装和使用并制备乙酸异戊酯产品，通过讨论得出催化剂对制备乙酸异戊酯的影响。

二、训练目标

1. 知识目标

熟悉酯化反应原理，掌握乙酸异戊酯的制备方法及催化剂对合成有机化合物的影响。

2. 技能目标

（1）熟练带有分水器的回收装置的安装与操作。

（2）熟练使用分液漏斗。

（3）学会使用干燥剂。

（4）学会利用萃取和蒸馏精制液体有机物的操作技术。

（5）掌握不同催化剂对合成有机化合物的性能各不一样。

3. 态度目标

严肃、细致、认真、实事求是地操作和记录实验数据。

三、仪器与药品

1. 仪器

铁架台、温度计、电热套、锥形瓶、量筒、直形冷凝管、球形冷凝管、分水器、圆底烧瓶、蒸馏烧瓶、分液漏斗、普通漏斗、烧杯。

2.药品

10%碳酸氢钠、饱和氯化钠、硫酸铁铵、浓硫酸、氯化铁、异戊醇、冰醋酸、无水硫酸镁、沸石。

四、训练方法

1.酯化反应

在干燥的100mL圆底烧瓶中加入18mL异戊醇、24mL冰醋酸,振摇下缓慢加入5滴浓硫酸或者其他催化剂(如硫酸铁铵或氯化铁),再加入几粒沸石。安装带有分水器的回流装置。分水器中事先充水至比支管口略低处,并放出比理论出水量稍多些水,用电热套加热回流,至分水器中的不层不再增加为止,反应约1.5h。

2.洗涤

撤出热源,稍冷后拆除回流装置,待圆底烧瓶中反应液冷却至常温后,将其倒入分液漏斗中,用30mL冷水淋洗烧瓶内壁,洗涤液并入分液漏斗中,充分振摇后静置。待液层分界清晰后,分去水层。有机层用20mL 10%碳酸氢钠溶液分两次洗涤。最后再用饱和氯化钠溶液洗涤一次。分去水层,有机层由分液漏斗上口倒入干燥的锥形瓶中。

3.干燥

向盛有粗产物的锥形瓶中加入少量的无水硫酸镁,配上塞子,振摇至液体澄清透明,放置20min。

4.蒸馏

安装一套干燥的普通蒸馏装置,将干燥好的粗酯小心的滤入蒸馏烧瓶中,放入几粒沸石,用电热套加热蒸馏,用干燥的锥形瓶收集138～142℃馏分,称重并计算产品的产率。

五、注意事项

(1)安装合成装置应十分小心,圆底烧瓶和冷凝管必须要用夹子固定。

(2)用分液漏斗洗涤粗产物时,注意振摇后必须要先把塞子松开,才能放下层液体,而且瓶口不能对着他人。

(3)分水器内装入水不能太多,而且要注意不能流回圆底烧瓶中。

(4)乙酸异戊酯易燃,小心在分液和蒸馏时着火。

六、思考与讨论

1. 制备乙酸异戊酯时，回流装置和蒸馏装置为什么必须使用干燥的仪器？
2. 碱洗时，为什么会有二氧化碳气体产生？
3. 在分液漏斗中进行洗涤操作时，粗产品始终在哪一层？
4. 酯化反应时，可能会发生哪些副反应？其副产物是如何除去的？
5. 酯化反应时，若实际出水量超过理论出水量，可能是什么原因造成的？

任务二　有机玻璃（PMMA）的制备

一、任务介绍

有机玻璃是一种高分子透明材料，它的化学名称为聚甲基丙烯酸甲酯。它表面光滑、色彩艳丽，相对密度小，强度较大，耐腐蚀、耐湿、耐晒，绝缘性能好，隔声性能好。因此，凭借其优良的性能得到了广泛应用。例如，飞机和汽车上的风挡、电视和雷达的屏幕、医学上的人工角膜、生活中的各种玩具和灯具等。

本实训主要通过甲基丙烯酸甲酯在引发剂作用下发生本体聚合而生成。本体聚合是单体（或原料低分子物）在不加溶剂以及其他分散剂的条件下，由引发剂或光、热作用下其自身进行聚合引起的聚合反应，是制造聚合物的主要方法之一。其显著特点是聚合体系黏度大、传热性差，反应进行到一定阶段时会出现自动加速现象。因此，必须排除反应热，否则相对分子质量分布变宽，材料的机械强度变低，严重的会引起"爆聚"而使产品报废。本体聚合在工业上可用间歇法或连续法生产。除聚甲基丙烯酸甲酯外，还有聚苯乙烯、聚氯乙烯和高压聚乙烯可采用本体聚合生产。

该聚合反应是一个放热过程。其反应式如下：

$$n\mathrm{H_2C=C\underset{COOCH_3}{\overset{CH_3}{|}}} \xrightarrow{\text{引发剂}} \mathrm{[H_2C-C\underset{COOCH_3}{\overset{CH_3}{|}}]_n}$$

反应热的积累会导致反应物温度升高，聚合反应加速，造成局部过热而导致单体气化或聚合物的裂解，使制件产生气泡或空心。此外，由于单体和聚合物的密度相差很大（甲基丙烯酸甲酯为 0.94g/cm^3，聚甲基丙烯酸甲酯为 1.18g/cm^3），因而再聚合时会产生体积收缩。如果聚合热未经有效排除，各部分反应就会不一致，收缩也不均匀，产生表面起皱或导致裂纹。为避免这种现象的产生，在实际生产有机玻璃时，常常采取预聚成浆法或分步聚合法。

二、训练目标

1. 知识目标

了解本体聚合的基本特点。

2. 技能目标

掌握有机玻璃的制备方法。

3. 态度目标

严肃、细致、认真、实事求是地操作和记录实验数据。

三、仪器与药品

1. 仪器

锥形瓶、保鲜膜、弹簧夹或螺旋夹、水浴锅、温度计、小试管（1.5cm×10cm）（预先烘干作为模具）、托盘天平。

2. 药品

甲基丙烯酸甲酯（MMA）（除去阻聚剂）、过氧化苯甲酰（BPO）。

四、训练方法

1. 预聚

取 25g 新蒸馏过的甲基丙烯酸甲酯单体放入干净的干燥锥形瓶中，加入引发剂过氧化苯甲酰 30mg。为防止预聚时水汽进入锥形瓶内，摇匀后可在瓶口包上一层保鲜膜，再用橡胶圈扎紧。用 70～80℃ 水浴加热锥形瓶，进行预聚合，并间歇振荡锥形瓶。观察体系的黏度，当瓶内预聚物黏度与甘油黏度相近时，立即停止加热并用冷水使预聚物冷至室温，以终止聚合反应。

2. 灌模

将上面所得的预聚物灌入小试管中，灌模时要小心，不使预聚物溢至试管外。且不要全灌满，稍留一段空间，以免预聚物受热膨胀而溢出试管外。用保鲜膜将试管口封住，使预聚物与空气隔绝。

3. 聚合

模口朝上，将上述封好口的试管放入 40℃ 烘箱中，继续使单体聚合 24h 以上，然后再在 100℃ 处理 1h。关掉烘箱热源，使聚合物在烘箱中随着烘箱一起逐渐冷却至室温。

4. 脱模

将试管轻轻敲破，即可得到透明的棒状有机玻璃。

五、注意事项

（1）预聚时不要一直摇动锥形瓶，而应间歇振荡，以减少氧气在单体中的溶解。

（2）为提高学生的实验兴趣，试管中可放入彩色塑料屑等。

（3）也可采用其他形状的模具，如两片玻璃板等。

六、思考与讨论

1. 为什么要进行预聚合？
2. 除有机玻璃外，工业上还有什么聚合物是用本体聚合的方法合成的？

任务三　洗涤剂月桂醇硫酸酯钠的制备
（精细化学品合成）

一、任务介绍

合成洗涤剂是一种清洗用的有机化合物，正在逐步成为人们离不开的生活必需品，合成洗涤剂可以代替肥皂，在软、硬水中都具有较好的洗涤效果，且成本较低。

1950年，人们开发了价格低廉的带支链的烷基苯磺酸钠（ABS），但后来发现ABS难被微生物降解，造成环境污染。1966年，人们又合成了直链烷基苯磺酸钠（LAS），它能被微生物降解，性能较好，是优良的洗涤剂。月桂醇硫酸酯钠也叫十二烷基硫酸钠，也是较早开发的洗涤剂，它与肥皂和洗衣粉一样，都属于阴离子表面活性剂，具有良好的发泡、乳化、去污、渗透和分散性能。月桂醇硫酸酯钠为白色或微黄色粉末，熔点为180～185℃（此时分解），易溶于水而成半透明溶液，对碱、弱酸和硬水都很稳定，适于低温洗涤，易漂洗，对皮肤刺激性小。

月桂醇硫酸酯钠用途较广，除可用作洗涤剂外，还广泛用于牙膏发泡剂、纺织助剂、矿井灭火剂、乳液聚合乳化剂、医药用乳化分散剂和洗发剂等。

反应方程式如下：

$$CH_3(CH_2)_{10}CH_2OH + ClSO_3H \longrightarrow CH_3(CH_2)_{10}CH_2OSO_3H + HCl$$

$$2CH_3(CH_2)_{10}CH_2OSO_3H + Na_2CO_3 \longrightarrow 2CH_3(CH_2)_{10}CH_2OSO_3Na + H_2O + CO_2$$

二、训练目标

1. 知识目标

了解月桂醇硫酸酯钠的用途，掌握洗涤剂月桂醇硫酸酯钠的制备方法。

2. 技能目标

掌握刺激性有害挥发物质在实验中的处理方法。

3. 态度目标

严肃、细致、认真，实事求是地操作和记录实验数据。

三、仪器与药品

1. 仪器

50mL烧杯、大烧杯、量筒、玻璃棒、分液漏斗、电热套、红外灯、托盘天平。

2. 药品

月桂醇、冰醋酸、氯磺酸、正丁醇、饱和碳酸钠溶液、碳酸钠、pH试纸。

四、训练方法

1. 酯化

在一干燥的50mL烧杯中加入3.2mL冰醋酸，在冰浴中将其冷却至5℃，从滴管中慢慢将1.2mL氯磺酸直接加入冰醋酸的烧杯中（在通风橱中进行）。混合物仍放在冰浴中冷却，不要让水进入烧杯内。

在搅拌下慢慢加入3.3g月桂醇，约2min加完。继续搅拌至月桂醇全部溶解并反应（约30min）。将反应物倾入盛有10g碎冰的50mL烧杯中。

2. 洗涤

向盛有反应混合物和10g碎冰的烧杯中加入10mL正丁醇，彻底搅拌混合物3min，在搅拌中慢慢加入3mL饱和碳酸钠溶液直至溶液呈中性或略呈碱性（pH=7.0~8.5）。再加入3.3g固体碳酸钠至混合物中，以助分层。让溶液在烧杯中分层，将上层有机相倒入分液漏斗中。一些水层不可避免地和有机相一起移入分液漏斗中。向烧杯中的水层加入7mL正丁醇，充分搅拌5min，使液相分层。分去下层水相，将上层倾入前面的分液漏斗中，与第一次的有机相合并。

静置分液漏斗 5min 让液相分层，除去水相，将有机相倒入一大烧杯中，在通风橱中将大烧杯置于电热套上蒸发，除去溶剂，洗涤剂及沉淀析出，蒸发的同时要常搅拌混合物以防产物分解。将湿的固体置于 80℃的红外灯下烘干，得产物约 3.0g 左右。

五、注意事项

（1）由于氯磺酸的强烈挥发性，称料应在通风橱中进行，并装入恒压漏斗中滴加；

（2）因氯磺酸遇水会分解，故所用玻璃仪器必须干燥；

（3）氯磺酸为腐蚀性很强的酸，使用时必须戴好橡胶手套在通风橱内量取；

（4）氯磺酸滴加速率要慢，否则由于产生大量的气泡容易引起冲料。

六、思考与讨论

1. 在制备过程中，加冰醋酸的目的是什么？
2. 硫酸酯盐型阴离子表面活性剂有哪几种？写出结构式。
3. 高级醇硫酸酯盐有哪些特性和用途？
4. 滴加氯磺酸时，温度为什么要控制在 30℃以下？
5. 产品的 pH 为什么控制在 7～8.5？
6. 试解释洗涤剂去污原理。
7. 与制备的肥皂进行对比，比较肥皂和月桂醇硫酸酯钠性质上的差异。

小品文

化学洗涤剂与人类健康

日用化学洗涤剂正在逐步成为人们离不开的生活必需品。不管是在公共场所、豪华饭店，还是在家庭、小吃摊，我们都可以看到化学版式洗涤剂的踪迹。每天的新闻媒介如广播、电视、报刊上也在大量地做着化学洗涤剂的广告。

在这些被包装得多姿多彩的化学洗涤剂的使用过程中，化学污染也不可避免通过一些渠道对人类的健康进行着危害。

化学洗涤剂实际上是通过石油开发的副产品，其去污能力主要来自表面活性剂。由于它造价低、洗涤性能良好，所以一经发现，很快被人们所接受。

化学洗涤剂一般易溶于水，所以容易被人们忽视，同时一些制作者也通过加入增色剂、增香剂、化学物质将化学洗涤进行包装。因此，人们在广泛使用化学洗涤剂洗头发、洗碗筷、洗衣服、洗澡的同时，一些有毒、有害的化学物质有可能通过千千万万的毛孔渗入人体。微量污染持续进入体内，积少成多可以造成比较严重的后果，可能导致人体发生病变。近年来已成为白血病、恶性淋巴病、神经细胞瘤、肝癌、男性、女性不孕不育等患者增多的重要原因之一。

人类清洁、干净的生活对洗涤剂的需求是不可避免的。所以，改善洗涤剂成分，使用不会危害人体和生存环境、无毒无公害的洗涤剂就成为当务之急。在我国也曾有用鸡蛋清洗头发和用皂角泡水洗衣服等的记载。在了解化学洗涤剂的危害后，应该加快开发天然洗涤剂资源的步伐，使人们更健康，社会更和谐进步。

任务四 茶叶中咖啡因的提取

（天然产物提取）

一、任务介绍

天然产物是从天然动物、植物体内衍生出来的有机化合物。凡从天然植物或动物资源衍生出来的有机物都称为天然有机化合物。人类对天然有机化合物的利用历史悠久。事实上，有机化学本身就源于对天然产物的研究。有些天然产物可做染料、香料；有些天然产物具有神奇药效。在研究天然产物的过程中，首先要解决的是天然产物的提取和纯化。常用的提取方法有溶剂萃取法、水蒸气蒸馏法等。在提取过程中，人们十分关心如何提高萃取效率，并保证被提取组分的分子结构不受破坏。超临界流体萃取技术可解决这个问题。

咖啡因又称咖啡碱，化学名称为1,3,7-三甲基-2,6-二氧嘌呤，可以从人们喜欢的饮品茶叶中提取。茶叶中咖啡因的含量1%～5%，此外还含有单宁酸（11%～12%）、蛋白质、纤维素、茶多酚、可可碱等成分。咖啡因呈弱碱性，具有刺激、兴奋大脑神经和利尿作用，可作为中枢神经兴奋药，也是复方阿司匹林等药物的组分之一。含结晶水的咖啡因为无色针状晶体，味苦，能溶于冷水和乙醇，易溶于热水、氯仿等，加热到100℃时即失去结晶水，并开始升华，120℃升华显著，178℃时很快升华。无水咖啡因熔点235℃。

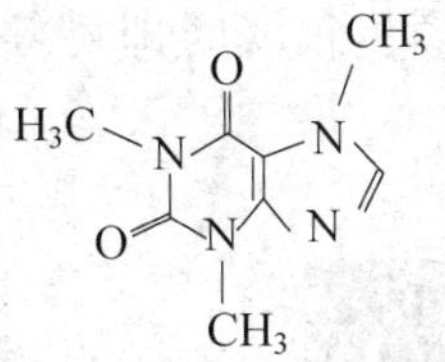

本实验提取咖啡因采用溶剂萃取法，利用95%乙醇作溶剂，在索氏提取器中连续抽提，使咖啡因与不溶于乙醇的纤维素和蛋白质等分离。萃取液中除咖啡因外，还含有叶绿素、单宁酸等杂质。蒸去溶剂后，在粗咖啡因中搅入生石灰，使其与单宁酸等酸性物质生成钙盐。游离的咖啡因则通过升华得到提纯。

二、训练目标

1.知识目标

（1）了解天然产物的提取方法。

（2）了解索氏提取器的构造、原理。

2.技能目标

（1）掌握索氏提取器的使用方法。

（2）学习用溶剂萃取法和升华法提纯有机化合物的方法。

3.态度目标

严肃、细致、认真，实事求是地操作和记录实验数据。

三、仪器与药品

1.仪器

索氏提取器、圆底烧瓶、量筒、120℃弯管、球形冷凝管、直形冷凝管、蒸馏头、接液管、蒸发皿、滤纸、普通漏斗、电热套、酒精灯、托盘天平。

2.药品

茶叶、95%乙醇、生石灰粉。

四、训练方法

1.提取

用滤纸做一个比索氏提取器提取筒内径稍小的圆柱状纸筒，装入5g研细的茶叶并折叠封住开口端，放入提取筒中。安装索氏提取装置（见图4-1），在烧瓶中加入50mL 95%乙醇，置于电热套上加热回流（液体在提取筒中蓄积，固体将浸入液体中。当液面超过虹吸管顶部时，蓄积的液体将回到烧瓶中）。连续提取 1~1.5h。当提取液颜色很淡时即可停止提取，待冷凝液刚刚虹吸下去时，立即停止加热。

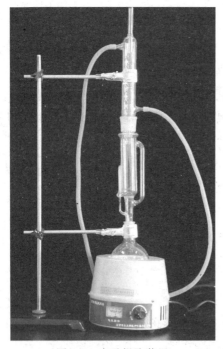

图 4-1　索氏提取装置

图 4-2　咖啡因的升华装置

2.蒸馏、浓缩

待稍冷后，改成普通蒸馏装置，回收提取液中大部分的乙醇。当剩余液为 5~10mL 时，趁热将瓶中的剩余液倒入蒸发皿中，留作升华提取咖啡因用。

3.中和、除水

向盛有提取液的蒸发皿中加入 4g 生石灰粉，拌成糊状。用酒精灯小火加热至干。此间仍需不断搅拌，并压碎块状物，小心焙烧（防止过热使咖啡因升华），除尽水分。冷却后，擦去黏在蒸发皿边沿的粉末，以免升华时污染产品。

4.升华

取一个合适大小的玻璃漏斗罩在蒸发皿上，两者之间用一张穿有许多小孔（孔刺向上）的滤纸隔开（见图 4-2），小火小心加热升华，当漏斗上内出现棕色烟雾（或滤纸上出现白色针状结晶时），停止加热。冷却后，取下漏斗，轻轻揭开滤纸，将滤纸上的咖啡因刮下。如残渣为绿色，可将残渣搅拌后用较高温度再加热片刻，再次升华，至残渣为棕色时升华完全。合并两次收集的咖啡因称重，得产品约 50mg。

五、注意事项

（1）滤纸套筒要紧贴器壁又方便取放，其高度不得超过虹吸管顶端，滤纸包茶叶末时，要严防漏出，以免堵塞虹吸管。纸套上面可盖一层滤纸，或上部折成凹形，以保证回流液均匀浸透被萃取物。

（2）索氏提取器是利用溶剂回流和虹吸原理，使固体物连续不断地被纯溶剂所萃取的仪器。溶剂沸腾时，其蒸气通过侧管上升，被冷凝管冷凝成液体，滴入套筒中，浸润固体物质，使之溶于溶剂中。当套筒内溶剂液面超过虹吸管最高处时，即发生虹吸，提取液流入烧瓶中。通过反复回流和虹吸，从而将提取物富集在烧瓶中。索氏提取器的虹吸管极易折断，所以安装仪器和实验过程要特别小心。

（3）浓缩提取液时不可蒸得太干，以免因残液很黏而难于转移，造成损失。

（4）拌入生石灰要均匀。生石灰的作用除吸水外，还可中和除去部分酸性杂质（如单宁酸，也叫鞣酸）。

（5）中和、除水中要除尽水分，若留有少量水分，则会在升华时产生一些烟雾污染器皿。

（6）在萃取回流充分的前提下，升华操作是实验成败的关键。在升华过程中，始终都需小火，严格控制加热速率，温度太高，会使产物发黄（分解）甚至炭化，还会把一些有色物质带进出来，使产品不纯。

（7）升华是将具有较高蒸气压的固体物质，在加热到熔点以下，不经过熔融状态就直接变成蒸气，蒸气变冷后，又直接变回固体的过程。升华是精制某些固体化合物的方法之一。能用升华方法精制的物体，必须满足以下条件：①被精制的固体要有较高的蒸气压，在不太高的温度下应具有高于 67kPa（20mmHg）的蒸气压；②杂质的蒸气压应与被纯化的固体化合物的蒸气压有显著的差异。

（8）再升华是为了使升华完全，也要严格控制加热速率，一定要控制在固体化合物熔点以下。

（9）刮下咖啡因要小心操作，防止混入杂质。

六、思考与讨论

1. 为什么可用升华法提取咖啡因？

2.除可用乙醇萃取咖啡因外,还可用哪些溶剂?

3.为得到较纯、较多的咖啡因,应注意哪些操作?

4.加入生石灰有何目的?

5.粗产物焙烧时,为什么要小火?

6.升华过程中,能否取下漏斗观察升华情况,为什么?

7.从茶叶中提取出的粗咖啡因为绿色,为什么?

任务五 对硝基苯甲酸的制备
(设计性实验)

一、任务背景

对硝基苯甲酸为黄色结晶粉末,无臭,能升华,微溶于水,能溶于乙醇等有机溶剂。遇明火、高热可燃,受热分解。可用做医药、染料、兽药、感光材料等有机合成的中间体,用于生产盐酸普鲁卡因、普鲁卡因胺盐酸盐,对氨甲基苯甲酸、叶酸、苯佐卡因、退烧、头孢菌素 V、对氨基苯甲酰谷氨酸、贝尼尔和生产活性艳红 M-8B、活性红紫 X-2R 以及滤光剂、彩色胶片成色剂、金属表面除锈剂、防晒剂等。可通过对硝基甲苯氧化而得。反应式如下:

$$\underset{NO_2}{\underset{|}{C_6H_4}}-CH_3 \xrightarrow{氧化剂} \underset{NO_2}{\underset{|}{C_6H_4}}-COOH$$

二、任务要求

(1) 了解对硝基苯甲酸的用途,掌握对硝基苯甲酸的合成原理。

(2) 查阅文献、资料,了解工业上、实验室中实现有关反应的具体方法,选择合理的合成路线。

(3) 以对硝基甲苯为起始原料,按其用量为 2g 来设计制备反应、粗产物的分离、精制及鉴定的实验方案。

(4) 分组讨论优化反应条件,严肃、细致、认真、实事求是地操作和记录实验数据。

(5) 对实验过程操作及反应结论进行讨论,注意安全操作。

任务六 微波辐射及相转移催化下对甲苯基苄基醚的制备（绿色合成设计）

一、任务背景

对甲苯基苄基醚属于芳香族的混醚，具有水仙、茉莉的香味，是皂用香精的原料，也是有机合成的中间体。烷基芳香基醚的合成方法主要有浓硫酸催化法、相转移催化法、溶剂法、微波法、非催化剂法等。对甲苯基苄基醚的传统合成方法是采用威廉姆孙法。该法是在无水条件下进行的，实验条件苛刻，反应时间长、操作复杂、产品收率低。

相转移催化法是近几十年来发展的一种有机合成方法，具有反应条件温和、操作简单、反应速率快、选择性好、收率较高的特点，受到广泛重视。据报道，使用相转移催化剂在常压下合成对甲苯基苄基醚，产品收率高，但反应时间仍很长。

二、任务要求

（1）了解芳香族混醚的用途，掌握芳香族混醚的合成原理。

（2）学习相转移催化有机反应的原理。

（3）学习微波法合成有机化合物的原理及操作。

（4）以微波辐射及相转移催化剂相结合的方法，以对甲苯酚（0.1mol）与氯化苄为起始原料，设计探索一种快速、高收率的合成对甲苯基苄基醚的方法。

（5）查阅文献、资料获取有效信息。

（6）分组实验，优化反应物比例、催化剂用量、微波辐射时间及功率对产率的影响。

（7）严肃、细致、认真，实事求是地操作和记录实验数据。

（8）深化绿色、高效有机合成理念在有机化学中的运用。

附录

附录一　常用试剂的配制

一、氯化亚铜氨溶液

称取 0.5g 氯化亚铜，溶解于 10mL 浓氨水中，再用水稀释至 25mL。过滤，除去不溶性杂质。

氯化亚铜氨溶液应为无色透明液体。但由于亚铜盐在空气中很容易被氧化成二价铜盐，使溶液变成蓝色，将会掩蔽乙炔亚铜的红色沉淀。此时可将上述滤液稍稍加热，边搅拌边缓慢加入羟胺盐酸盐，至蓝色消失为止。

羟胺盐酸盐是强还原剂，可使生成的 Cu^{2+} 还原成 Cu^+。反应式如下：

$$4Cu^{2+} + 2NH_2OH \longrightarrow 4Cu^+ + 2N_2O + 4H^+ + H_2O$$

二、饱和溴水

称取 1.5g 溴化钾，溶解于 100mL 蒸馏水中，再加入 10g 溴，摇匀即可。

三、碘-碘化钾溶液

称取 20g 碘化钾，溶解于 100mL 蒸馏水中，再加入 10g 研细的碘粉。搅拌使其完全溶解，得深红色溶液，保存在棕色试剂瓶中，于避光处放置。

四、卢卡斯试剂

称取 34g 无水氯化锌，在蒸发皿中加热熔融，并不断搅拌。稍冷后，放入干燥器中冷至室温。

将盛有 23mL 浓盐酸（相对密度 1.19）的烧杯置于冰水浴中冷却（以防氯化氢逸出），边搅拌边加入上述干燥的无水氯化锌。

此试剂极易吸水失效，所以一般是临用前配制。

五、饱和亚硫酸氢钠溶液

称取 67g 亚硫酸氢钠，溶解于 100mL 蒸馏水中，再加入 25mL 不含醛的无水乙醇，混匀后若有晶体析出，须过滤除去。

饱和亚硫酸氢钠溶液不稳定，容易分解和氧化，因此不能久存，宜在实验前临时配制。

六、1%酚酞溶液

称取 1g 酚酞溶解于 90mL 95％乙醇中，再加水稀释至 100mL。

七、铬酸试剂

称取 25g 铬酸酐，加入 25mL 浓硫酸，搅拌均匀成糊状物。在不断搅拌下，将此糊状物小心倒入 75mL 蒸馏水中，混匀，即得到澄清的橘红色溶液。

八、苯酚溶液

称取 5g 苯酚溶解于 50mL 5％氢氧化钠溶液中。

九、β-萘酚溶液

称取 5g β-萘酚溶液溶解于 50mL 5％氢氧化钠溶液中。

十、α-萘酚乙醇溶液

称取 2g α-萘酚溶解于 20mL 95％乙醇中，用 95％乙醇稀释至 100mL，贮存在棕色瓶中，一般在使用前配制。

十一、2,4-二硝基苯肼试剂

（1）称取 1.2g 2,4-二硝基苯肼溶解于 50mL 30％高氯酸溶液中，搅拌均匀，贮存在棕色瓶中。

（2）将 2,4-二硝基苯肼溶解于 2mol/L 盐酸溶液中，配成饱和溶液。

十二、希夫试剂（又称品红试剂）

称取 0.2g 品红盐酸盐溶解于 100mL 热水中，放置冷却后，加入 2g 亚硫酸氢钠和 2mL 浓盐酸，再用蒸馏水稀释至 200mL。

十三、斐林试剂

斐林试剂由斐林溶液 A 和斐林溶液 B 组成。使用时将两者等体积混合，配制方法如下：

（1）斐林溶液 A　称取 7g 硫酸铜晶体溶解于 100mL 蒸馏水中，得淡蓝色溶液；

（2）斐林溶液 B　称取 34.6g 酒石酸钾钠和 14g 氢氧化钠，溶解于 100mL 水中。

十四、本尼迪克试剂

本尼迪克试剂是斐林试剂的改进，性质稳定，可长期保存，使用方便。配制方法如下：

（1）称取 4.3g 硫酸铜晶体溶解于 50mL 蒸馏水中，制成溶液 A；

（2）称取 43g 柠檬酸钠及 25g 无水碳酸钠溶解于 200mL 蒸馏水中，制成溶液 B；

（3）在不断搅拌下，将 A 溶液缓慢加入到 B 溶液中，混匀后贮存在试剂瓶中。

本尼迪克试剂除用于鉴定醛酮外，还可用于检验糖尿病人的尿糖含量。在病人的尿样中滴加本尼迪克试剂，如出现红色沉淀记为"＋＋＋＋"、黄色沉淀记为"＋＋＋"、绿色沉淀记为"＋＋"，蓝色溶液不变，则检验结果为阴性。

十五、苯肼试剂

（1）在 100mL 的烧杯中，加入 5mL 苯肼和 50mL 10％醋酸溶液，再加入 0.5g 活性炭，搅拌后过滤，将滤液保存在棕色试剂瓶中。

（2）称取 5g 苯肼盐酸盐溶解于 160mL 蒸馏水中，再加入 0.5g 活性炭，搅拌脱色后过滤。在滤液中加入 9g 醋酸钠晶体，搅拌使其溶解，贮存在棕色试剂瓶中。

苯肼盐酸盐与醋酸钠经复分解反应生成苯肼醋酸盐。苯肼醋酸盐是弱酸弱碱盐，在水溶液中发生分解，生成苯肼。反应式如下：

$$C_6H_5NHNH_2 \cdot CH_3COOH \xrightleftharpoons{H_2O} C_6H_5NHNH_2 + CH_3COOH$$

游离的苯肼难溶于水，所以不能直接使用。

十六、羟胺试剂

称取 1g 盐酸羟胺，溶解于 200mL 95%乙醇中，加入 1mL 甲基橙指示剂，再逐滴加入 5%氢氧化钠乙醇溶液，至混合液颜色刚刚变为橙黄色（pH 为 3.7~3.9）为止。贮存在棕色试剂瓶中。

十七、蛋白质溶液

取 25mL 蛋清加入 100mL 蒸馏水，搅拌均匀后，用 2~3 层纱布过滤，滤除球蛋白即得清亮的蛋白质溶液。

十八、蛋白质-氯化钠溶液

取 20mL 新鲜蛋清，加入 30mL 蒸馏水和 50mL 饱和食盐水，搅拌溶解后，用 2~3 层纱布过滤。此溶液中含有球蛋白和清蛋白。

十九、茚三酮试剂

称取 0.1g 茚三酮溶解于 50mL 蒸馏水中。此溶液不稳定，配制后应在两日内使用，久置易变质失灵。

二十、1%淀粉溶液

称取 1g 可溶性淀粉溶解于 5mL 冷蒸馏水中，搅成稀浆状，然后在搅拌下将其倒入 94mL 沸水中，即得到近于透明的胶状溶液。放冷后贮存在试剂瓶中。

附录二　常用有机溶剂的纯化

在有机化学实验中，经常使用各类溶剂作为反应介质或用来分离提纯粗产物。由于反应的特点和物质的性质不同，对溶剂规格的要求也不相同。有些反应（如格氏试剂的制备反应）对溶剂的要求较高，即使微量杂质或水分的存在，也会影响实验的正常进行。这种情况下，就需对溶剂进行纯化处理，以满足实验的正常要求。这里介绍几种实验室中常用的有机溶剂的纯化方法。

一、无水乙醚

市售乙醚中常含有微量水、乙醇和其他杂质，不能满足无水实验的要求。

可用下述方法进行处理，制得无水乙醚。

在 250mL 干燥的圆底烧瓶中，加入 100mL 乙醚和几粒沸石，装上回流冷凝管。将盛有 10mL 浓硫酸的滴液漏斗通过带有侧口的橡胶塞安装在冷凝管上端。

接通冷凝水后，将浓硫酸缓慢滴入乙醚中，由于吸水作用产生热，乙醚会自行沸腾。

当乙醚停止沸腾后，拆除回流冷凝管，补加沸石后，改成蒸馏装置，用干燥的锥形瓶作接收器。在接液管的支管上安装一支盛有无水氯化钙的干燥管，干燥管的另一端连接橡胶管，将逸出的乙醚蒸气导入水槽中。

用事先准备好的热水浴加热蒸馏，收集 34.5℃ 馏分 70～80mL，停止蒸馏。烧瓶内所剩残液倒入指定的回收瓶中（切不可向残液中加水！）。

向盛有乙醚的锥形瓶中加入 1g 钠丝，然后用带有氯化钙干燥管的塞子塞上，以防止潮气侵入并可使产生的气体逸出。放置 24h，使乙醚中残存的痕量水和乙醇转化为氢氧化钠和乙醇钠。如发现金属钠表面已全部发生作用，则需补加少量钠丝，放置至无气泡产生，金属钠表面完好，即可满足使用要求。

二、绝对乙醇

市售的无水乙醇一般只能达到 99.5% 的纯度，而许多反应中需要使用纯度更高的绝对乙醇，可按下法制取。

在 250mL 干燥的圆底烧瓶中，加入 0.6g 干燥纯净的镁丝和 10mL 99.5% 的乙醇，安装回流冷凝管，冷凝管上口附加一支无水氯化钙干燥管。

在沸水浴上加热至微沸，移去热源，立刻加入几粒碘（注意此时不要振荡），可见随即在碘粒附近发生反应，若反应较慢，可稍加热，若不见反应发生，可补加几粒碘。

当金属镁全部作用完毕后，再加入 100mL 99.5% 乙醇和几粒沸石，水浴加热回流 1h。

改成蒸馏装置，补加沸石后，水浴加热蒸馏，收集 78.5℃ 馏分，贮存在试剂瓶中，用橡胶塞或磨口塞封口。

此法制得的绝对乙醇，纯度可达 99.99%。

三、丙酮

市售丙酮中往往含有甲醇、乙醛和水等杂质，可用下述方法提纯。

在 250mL 圆底烧瓶中，加入 100mL 丙酮和 0.5g 高锰酸钾，安装回流冷凝管，水浴加热回流。若混合液紫色很快消失，则需补加少量高锰酸钾，继续回流，直到紫色不再消失为止。

改成蒸馏装置，加入几粒沸石，水浴加热蒸出丙酮，用无水碳酸钾干燥1h。

将干燥好的丙酮倾入250mL圆底烧瓶中，加入沸石，安装蒸馏装置（全部仪器均须干燥！）。水浴加热蒸馏，收集55～56.5℃馏分。

四、乙酸乙酯

市售的乙酸乙酯常含有微量水、乙醇和乙酸。可先用等体积的5%碳酸钠溶液洗涤，再用饱和氯化钙溶液洗涤，酯层倒入干燥的锥形瓶中，加入适量无水碳酸钾干燥1h后，蒸馏收集77.0～77.5℃馏分。

五、石油醚

石油醚是低级烷烃的混合物。根据沸程范围不同可分为30～60℃、60～90℃和90～120℃等不同规格。

石油醚中常含有少量沸点与烷烃相近的不饱和烃，难以用蒸馏法进行分离，此时可用浓硫酸和高锰酸钾将其除去。方法如下。

在150mL分液漏斗中，加入100mL石油醚，用10mL浓硫酸分两次洗涤，再用10%硫酸与高锰酸钾配制的饱和溶液洗涤，直至水层中紫色不再消失为止。用蒸馏水洗涤两次后，将石油醚倒入干燥的锥形瓶中，加入无水氯化钙干燥1h。蒸馏，收集需要规格的馏分。

六、氯仿

普通氯仿中含有1%乙醇（这是为防止氯仿分解为有毒的光气，作为稳定剂加进去的）。

除去乙醇的方法是用水洗涤氯仿5～6次后，将分出的氯仿用无水氯化钙干燥24h，再进行蒸馏，收集60.5～61.5℃馏分。纯品应装在棕色瓶内，置于暗处避光保存。

七、苯

普通苯中可能含有少量噻吩，除去的方法是用少量（约为苯体积的15%）浓硫酸洗涤数次，再分别用水、10%碳酸钠溶液和水洗涤。分离出苯，置于锥形瓶中，用无水氯化钙干燥24h后，水浴加热蒸馏，收集79.5～80.5℃馏分。

附录三 常见酸碱溶液的相对密度和质量分数

一、盐酸

HCl 的质量分数/%	相对密度 d_4^{20}	每100mL含HCl质量/g	HCl 的质量分数/%	相对密度 d_4^{20}	每100mL含HCl质量/g
1	1.0031	1.003	22	1.1083	24.38
2	1.0081	2.006	24	1.1185	26.84
4	1.0179	4.007	26	1.1288	29.35
6	1.0278	6.167	28	1.1391	31.89
8	1.0377	8.301	30	1.1492	34.48
10	1.0476	10.48	32	1.1594	37.10
12	1.0576	12.69	34	1.1693	39.76
14	1.0676	14.95	36	1.1791	42.45
16	1.0777	17.24	38	1.1886	45.17
18	1.0878	19.58	40	1.1977	47.91
20	1.0980	21.96			

二、硫酸

H_2SO_4 的质量分数/%	相对密度 d_4^{20}	每100mL含H_2SO_4质量/g	H_2SO_4 的质量分数/%	相对密度 d_4^{20}	每100mL含H_2SO_4质量/g
1	1.0049	1.005	65	1.5533	101.0
2	1.0116	2.024	70	1.6105	112.7
3	1.0183	3.055	75	1.6692	125.2
4	1.0250	4.100	80	1.7272	138.2
5	1.0318	5.159	85	1.7786	151.2
10	1.0661	10.66	90	1.8144	163.3
15	1.1020	16.53	91	1.8195	165.6
20	1.1398	22.80	92	1.8240	167.8
25	1.1783	29.46	93	1.8279	170.0
30	1.2191	36.57	94	1.8312	172.1
35	1.2579	44.10	95	1.8337	174.2
40	1.3028	52.11	96	1.8355	176.2
45	1.3476	60.64	97	1.8364	178.1
50	1.3952	69.76	98	1.8361	179.9
55	1.4453	79.49	99	1.8342	181.6
60	1.4987	89.90	100	1.8305	183.1

三、硝酸

HNO_3 的质量分数/%	相对密度 d_4^{20}	每100mL含 HNO_3 质量/g	HNO_3 的质量分数/%	相对密度 d_4^{20}	每100mL含 HNO_3 质量/g
1	1.0037	1.004	65	1.3913	90.43
2	1.0091	2.018	70	1.4134	98.94
3	1.0146	3.044	75	1.4337	107.5
4	1.0202	4.080	80	1.4521	116.2
5	1.0257	5.128	85	1.4686	124.8
10	1.0543	10.54	90	1.4826	133.4
15	1.0842	16.26	91	1.4850	135.1
20	1.1150	22.30	92	1.4873	136.8
25	1.1469	28.67	93	1.4892	138.5
30	1.1800	35.40	94	1.4912	140.2
35	1.2140	42.49	95	1.4932	141.9
40	1.2466	49.87	96	1.4952	143.5
45	1.2783	57.52	97	1.4974	145.2
50	1.3100	65.50	98	1.5008	147.1
55	1.3393	73.66	99	1.5056	149.1
60	1.3667	82.00	100	1.5129	151.3

四、氢氧化钠

NaOH 的质量分数/%	相对密度 d_4^{20}	每100mL含 NaOH 质量/g	NaOH 的质量分数/%	相对密度 d_4^{20}	每100mL含 NaOH 质量/g
1	1.0095	1.010	26	1.2848	33.40
2	1.0207	2.041	28	1.3064	36.58
4	1.0428	4.171	30	1.3277	39.83
6	1.0648	6.389	32	1.3488	43.16
8	1.0869	8.695	34	1.3696	46.57
10	1.1089	11.09	36	1.3901	50.05
12	1.1309	13.57	38	1.4102	53.59
14	1.1530	16.14	40	1.4300	57.20
16	1.1751	18.80	42	1.4494	60.87
18	1.1971	21.55	44	1.4685	64.61
20	1.2192	24.38	46	1.4873	68.42
22	1.2412	27.31	48	1.5065	72.31
24	1.2631	30.31	50	1.5253	76.27

五、氢氧化钾

KOH 的质量分数/%	相对密度 d_4^{20}	每100mL含KOH质量/g	KOH 的质量分数/%	相对密度 d_4^{20}	每100mL含KOH质量/g
1	1.0068	1.01	26	1.2408	32.26
2	1.0155	2.03	28	1.2609	35.31
4	1.0330	4.13	30	1.2813	38.44
6	1.0509	6.31	32	1.3020	41.66
8	1.0690	8.55	34	1.3230	44.98
10	1.0873	10.87	36	1.3444	48.40
12	1.1059	13.27	38	1.3661	51.91
14	1.1246	15.75	40	1.3881	55.52
16	1.1435	18.30	42	1.4104	59.24
18	1.1626	20.93	44	1.4331	63.06
20	1.1818	23.64	46	1.4560	66.98
22	1.2014	26.43	48	1.4791	71.00
24	1.2210	29.30	50	1.5024	75.12

六、碳酸钠溶液

Na_2CO_3 的质量分数/%	相对密度 d_4^{20}	每100mL含Na_2CO_3质量/g	Na_2CO_3 的质量分数/%	相对密度 d_4^{20}	每100mL含Na_2CO_3质量/g
1	1.0086	1.009	12	1.1244	13.49
2	1.0190	2.038	14	1.1463	16.05
4	1.0398	4.159	16	1.1682	18.50
6	1.0606	6.364	18	1.1905	21.33
8	1.0816	8.653	20	1.2132	24.26
10	1.1029	11.03			

七、氨水溶液

NH_3 的质量分数/%	相对密度 d_4^{20}	每100mL含NH_3质量/g	NH_3 的质量分数/%	相对密度 d_4^{20}	每100mL含NH_3质量/g
1	0.9938	0.9956	16	0.9361	14.98
2	0.9895	1.980	18	0.9294	16.73
4	0.9811	3.920	20	0.9228	18.46
6	0.9730	5.840	22	0.9164	20.16
8	0.9651	7.720	24	0.9102	21.84
10	0.9575	9.580	26	0.9040	23.50
12	0.9502	11.40	28	0.8980	25.14
14	0.9431	13.20	30	0.8920	26.76

附录四　常用有机溶剂的沸点和相对密度

名称	沸点/℃	d_4^{20}	名称	沸点/℃	d_4^{20}
甲醇	64.9	0.7914	苯	80.1	0.8787
乙醇	78.5	0.7893	甲苯	110.6	0.8669
乙醚	34.5	0.7137	二甲苯	~140.0	
丙酮	56.2	0.7899	氯仿	61.7	1.4832
乙酸	117.9	1.0492	四氯化碳	76.5	1.5940
乙酐	139.5	1.0820	二硫化碳	46.2	1.2632
乙酸乙酯	77.0	0.9003	硝基苯	210.8	1.2037
二氧六环	101.7	1.0337	正丁醇	117.2	0.8098

附录五　常见共沸混合物

一、常见有机物与水的二元共沸混合物

溶剂	沸点/℃	共沸点/℃	含水量/%	溶剂	沸点/℃	共沸点/℃	含水量/%
氯仿	61.2	56.1	2.5	甲苯	110.5	84.1	13.5
四氯化碳	77	66	4	二甲苯	140	92	35
苯	80.4	69.2	8.8	正丙醇	97.2	87.7	28.8
丙烯腈	78.0	70.0	13.0	异丙醇	82.4	80.4	12.1
二氯乙烷	83.7	72.0	19.5	正丁醇	117.7	92.2	37.5
乙腈	82.0	76.0	16.0	异丁醇	108.4	89.9	88.2
乙醇	78.3	78.1	4.4	正戊醇	138.3	95.4	44.7
吡啶	115.1	92.5	40.6	异戊醇	131.0	95.1	49.6
乙酸乙酯	77.1	70.4	6.1	氯乙醇	129.0	97.8	59.0

二、常见有机溶剂的共沸混合物

共沸物	组分的沸点/℃	共沸物的组成（质量分数）/%	共沸点/℃
乙醇-乙酸乙酯	78.3;78	30;70	72
乙醇-苯	78.3;80.6	32;68	68.2

续表

共沸物	组分的沸点/℃	共沸物的组成(质量分数)/%	共沸点/℃
乙醇-氯仿	78.3;61.2	7;93	59.4
乙醇-四氯化碳	78.3;77	16;84	64.9
乙酸乙酯-四氯化碳	78;77	43;57	75
甲醇-四氯化碳	64.7;77	21;79	55.7
甲醇-苯	64.7;80.6	39;61	48.3
氯仿-丙酮	61.2;56.4	80;20	64.7
甲苯-乙酸	110.5;118.5	72;28	105.4
乙醇-苯-水	78.3;80.6;100	19;74;7	64.9

参 考 文 献

[1] 关海鹰等.有机化学实验.第2版.北京:化学工业出版社,2008.
[2] 初玉霞等.有机化学实验.第2版.北京:化学工业出版社,2007.
[3] 陈东红等.有机化学实验.上海:华东理工大学出版社,2009.
[4] 崔玉.有机化学实验.北京:科学出版社,2009.
[5] 王敏等.绿色化学理念与实验.北京:化学工业出版社,2010.
[6] 高职高专化学教材组.有机化学实验.第2版.北京:化学工业出版社,2001.
[7] 谷亨杰.有机化学实验.第2版.北京:高等教育出版社,1996.
[8] 郑民.化妆品化学.北京:中国轻工业出版社,2012.
[9] 曾昭琼.有机化学实验.第3版.北京:高等教育出版社,1999.
[10] 高职高专化学教材编写组.有机化学.第3版.北京:高等出版社,2008.
[11] 段益琴.有机化学与实验操作技术项目化教程.北京:化学工业出版社,2013.
[12] 王书香等.基础化学实验2物质的制备与分离.北京:化学工业出版社,2009.